Ernst Probst

Österreich
in der Altsteinzeit

Jäger und Sammler
vor 250.000 bis 10.000 Jahren

Widmung

Den Prähistorikern Dr. Elisabeth Ruttkay (1926–2009) und
Professor Dr Johannes-Wolfgang Neugebauer (1949–2002) gewidmet,
die mich bei meinen Büchern
„Deutschland in der Steinzeit" (1991) und
„Deutschland in der Bronzezeit" (1996) unterstützt haben.

Impressum:
Österreich in der Altsteinzeit
1. Auflage als Print-Book: Mai 2019
Autor: Ernst Probst
Im See 11, 55246 Mainz-Kostheim
Telefon: 06134/21152
E-Mail: ernst.probst (at) gmx.de
Herstellung: Amazon Distribution GmbH, Leipzig
Alle Rechte vorbehalten
ISBN: 978-1-097-57561-9

Mammutjäger und Gefährtin aus der jüngeren Altsteinzeit.
Zeichnung: Shuhei Tamura, Kanagawa, Japan

Denkmal der 1908 am Fundort „Willendorf II" in der Wachau
entdeckten Frauenfigur „Venus I".
Foto: SchiDD / CC-BY-SA4.0 (via Wikimedia Commons),
lizensiert unter Creative-Commons-Lizenz by-sa-4.0-de,
https://creativecommons.org/licenses/by-sa/4.0/legalcode

Vorwort

Venusfiguren und Zwillinge

Im Eiszeitalter vor mehr als 250.000 Jahren hinterließen frühe Neanderthaler in der Repolusthöhle bei Peggau in der Steiermark ihre Jagdbeutereste, Feuerstellen und Steinwerkzeuge. Nach derzeitigem Wissensstand waren diese Jäger und Sammler die „ersten Österreicher". Mit ihnen beginnt das Taschenbuch „Österreich in der Altsteinzeit" des Wissenschaftsautors Ernst Probst. Die nächsten Akteure in diesem Werk sind späte Neanderthaler zwischen etwa 125.000 und 40.000 Jahren sowie frühe anatomisch moderne Menschen vor rund 40.000 bis 10.000 Jahren. Von letzteren Vorfahren stammen drei berühmte archäologische Funde aus der jüngeren Altsteinzeit: Erstens das in Stratzing bei Krems entdeckte, mit 36.000 Jahren älteste Kunstwerk in Österreich, scherzhaft als „Fanny – die tanzende Venus vom Galgenberg" bezeichnet. Zweitens die sogenannten „Zwillinge von Krems", die mit 32.000 Jahren weltweit als älteste Bestattung von Kleinstkindern des frühen *Homo sapiens* gelten. Drittens die vor ca. 29.500 Jahren geschaffene weltweit bekannte „Venus von Willendorf". Diese und andere Funde – zum Beispiel der Schamane von Kammern-Grubgraben – geben noch manches Rätsel auf.

Inhalt

Wiener Prähistoriker Richard Pittioni (1906–1985).
Foto: Photo-Simonis, Wien

Die Altsteinzeit in Österreich

Abfolge und Verbreitung der Stufen und Gruppen

In Österreich fand man bisher keine Hinterlassenschaften der Geröllgeräte-Industrien (etwa 2 Millionen bis 1 Million Jahre), des Protoacheuléen (etwa 1,2 Millionen bis 600.000 Jahre) und des Altacheuléen (etwa 600.000 bis 350.000 Jahre). Angeblich ungefähr 600.000 Jahre alte Steinwerkzeuge des Frühmenschen *Homo erectus* vom Lehberg bei Haidershofen an der Enns in Niederösterreich, die der deutsche Geoarchäologe Alexander Binsteiner 2011 erkannt haben will, sind in der Fachwelt umstritten.

Die frühesten Zeugnisse für die Anwesenheit von Menschen in Österreich stammen aus der Zeit vor mehr als 250.000 Jahren, die in Deutschland dem Jungacheuléen (etwa 350.000 bis 150.000 Jahre) zugerechnet wird. Dabei handelt es sich um Funde aus einer einzigen Höhle in Niederösterreich, die frühen Neanderthalern zugeschrieben wurden.

Der Wiener Prähistoriker Richard Pittioni (1906–1985) hat 1954 die Altsteinzeit und die nachfolgende Mittelsteinzeit als Lithikum (deutsch: Steinzeit) bezeichnet. Dieser Begriff konnte sich jedoch nicht durchsetzen. In Mitteleuropa fasst man daher nach wie vor die Alt-, Mittel- und Jungsteinzeit zur Steinzeit zusammen.

Die Kulturstufe des Moustérien (etwa 125.000 bis 40.000 Jahre) ist durch Siedlungsspuren, Steinwerkzeuge und Jagdbeutereste in den Höhlen mehrerer Bundesländer belegt. Die Angehörigen dieser Stufe waren späte Neanderthaler *(Homo neanderthalensis)*.

Österreichischer Prähistoriker und Ausgräber
Johannes-Wolfgang Neugebauer (1949–2002).
Foto: Univ.-Professor Dr. Johannes-Wolfgang Neugebauer,
Klosterneuburg

Dem Moustérien ordnet man heute die früher als „Alpines Paläolithikum" bezeichneten Funde zu. Es sind Steinwerkzeuge aus Höhlen in oftmals beträchtlicher Höhe innerhalb der Alpen. Die vermeintlichen Werkzeuge aus Höhlenbärenknochen sind jedoch fast alle nicht durch Menschenhand, sondern auf natürliche Weise entstanden.

Im Aurignacien (etwa 35.000 bis 29.000 Jahre) wanderten die ersten anatomisch modernen Jetztmenschen *(Homo sapiens)* ein. Von ihnen kennt man Siedlungsspuren in Höhlen und im Freiland, Feuerstellen, Steinwerkzeuge, Waffen, Jagdbeutereste vor allem vom Mammut, Schmuckschnecken und ein Kunstwerk. Die Funde wurden in Höhlen und im Freiland entdeckt. Das Aurignacien war entlang der Donau in Niederösterreich, in der Steiermark und in Tirol vertreten.

Das Gravettien (etwa 28.000 bis 21.000 Jahre) wird durch Siedlungsspuren und Feuerstellen meist im Freiland, Stein- und Knochenwerkzeuge, Jagdbeutereste überwiegend vom Mammut, bedeutende Kunstwerke („Venusfiguren" von Willendorf) sowie menschliche Skelettreste (darunter die Säuglingsbestattungen von Krems-Wachtberg) dokumentiert. Das Gravettien konzentrierte sich in der Wachau, im Kamptal und im angrenzenden nördlichen Niederösterreich.

Aus dem Magdalénien (etwa 15.000 bis 11.500 Jahre) kennt man in Österreich vor allem Siedlungsspuren in Höhlen, Steinwerkzeuge, Knochengeräte, Waffen (eine Speerspitze), Schmuck und ein Kunstwerk. Die Funde stammen vor allem aus Niederösterreich und der Steiermark.

Vom Spätpaläolithikum (etwa 11.500 bis 10.000 Jahre) zeugen bisher in Österreich nur wenige Funde. Dabei handelt es sich um Steinwerkzeuge und Siedlungsspuren aus Niederösterreich, der Steiermark und dem Bundesland Salzburg.

Eine wertvolle Quelle über wichtige Fundstellen aus der Altsteinzeit ist das faktenreiche Buch „Österreichs Urzeit" (1999) des Prähistorikers Johannes-Wolfgang Neugebauer (1949–2002), der im Alter von nur 52 Jahren unerwartet an Herzversagen starb. Er war einer der bedeutendsten Prähistoriker und Ausgräber Österreichs und hat bei der Entstehung meiner Bücher „Deutschland in der Steinzeit" (1991) und „Deutschland in der Bronzezeit" (1996) wertvolle Hilfe geleistet, wofür ich sehr dankbar bin.

Die ersten Österreicher

Das Jungacheuléen

Die Urgeschichte Österreichs lässt sich bis vor mehr als 250.000 Jahre zurück verfolgen. Diese Erkenntnis ist dem Wiener Paläontologen Gernot Rabeder zu verdanken. Rabeder war Ordinarius für Paläontologie an der „Universität Wien" und gilt als Spezialist für eiszeitliche Bären. Zuvor hatten die bis zu 125.000 Jahre alten Funde aus dem Moustérien als die frühesten archäologischen Belege für die Existenz von Jägern und Sammlern in Österreich gegolten.

Das Wissen über die „ersten Österreicher" aus einer Kulturstufe, die 1924 von dem deutschen Prähistoriker Hugo Obermaier (1877–1946) als Jungacheuléen (etwa 350.000 bis 150.000 Jahre) bezeichnet wurde, basiert unter anderem auf den Ergebnissen der Untersuchung von Höhlenbärenknochen aus der Repolusthöhle bei Peggau in der Steiermark. Die Repolusthöhle wurde nach dem Arbeiter Anton Repolust (geboren 1877, gefallen im Ersten Weltkrieg an der italienischen Front) aus Badl bei Peggau benannt, der 1910 diese Höhle entdeckte. Zwischen 1947 und 1955 leitete die in Budapest geborene Maria Mottl (1906–1980), Paläontologin und Geologin am „Steiermärkischen Landesmuseum Joanneum" in Graz, Grabungen in der Höhle. Die von Gernot Rabeder untersuchten Bärenreste stammen von den Grabungen Mottls. Das „Steiermärkische Landesmuseum Joanneum" in Graz wurde 1811 von Erzherzog Johann gegründet und nach ihm benannt.

Österreichischer Paläontologe Gernot Rabeder.
Foto: Rudolf Gold

Prähistoriker Hugo Obermaier (1877–1946).
Foto: Aufnahme von 1924 in Pamplona (Spanien)

Deutscher Paläontologe Wilhelm von Reichenau (1847–1925).
Foto: Naturhistorisches Museum Mainz

Lebensbild des Deningerbären (Ursus deningeri)
des Paläontologen Wilfried Rosenthal aus Mannheim

Als Rabeder die Bärenreste aus der Repolusthöhle im „Steiermärkischen Landesmuseum Joanneum" in Graz begutachtete,
fiel ihm – wie zuvor schon der Paläontologin und Geologin
Mottl – auf, dass die Funde von wenig entwickelten Höhlenbären stammen. Sie repräsentieren den Übergang von der
Bärenart *Ursus deningeri* zum Höhlenbären *(Ursus spelaeus)*. Da
in der Höhlenruine von Hunas (Kreis Nürnberger Land) in
Bayern fossile Bärenreste desselben Entwicklungsstadiums in
einer mit modernen Methoden auf mehr als 250.000 Jahre
datierten Schicht geborgen wurden, konnte der Wiener Experte
auf ein ähnlich hohes Alter der Fundschichten in der Repolusthöhle schließen.

Die Bärenart *Ursus deningeri* wurde 1906 von dem Mainzer
Paläontologen Wilhelm von Reichenau (1847–1925) anhand
eines Fundes aus den Mosbach-Sanden bei Wiesbaden
beschrieben. Der Begriff Mosbach-Sande erinnert an das
ehemalige Dorf Mosbach zwischen Wiesbaden und Biebrich.
Reichenau benannte den Bärenfund aus den Mosbach-Sanden
nach seinem Freund und früheren Mitarbeiter, dem in Mainz
geborenen Geologen Karl Julius Deninger (1878–1917) aus
Dresden. Der Höhlenbär *Ursus spelaeus* wurde 1974 von dem
Leipziger Anatomen Johannes Christian Rosenmüller (1771–
1820) nach einem Schädelfund aus der Burggaillenreuther
Zoolithenhöhle bei Muggendorf im bayerischen Regierungsbezirk Oberfranken beschrieben.

Die nach ihrem Entdecker benannte Repolusthöhle ist eine
von mehreren Höhlen im Badlgraben, einem Seitental des
Murtales. Sie liegt etwa 70 Meter über dem Tal und gilt als
Rest eines ehemaligen unterirdischen Entwässerungssystems.
Die Repolusthöhle erstreckt sich heute etwa 35 Meter tief in
die Felswand. In der Fachliteratur ist sie schon seit Jahrzehnten

Repolusthöhle bei Peggau in der Steiermark.
Foto: Christian Pirkl / CC-BY-SA-3.0-AT
(via Wikimedia Commons),
lizensiert unter Creative-Commons-Lizenz by-sa-3.0-at,
https://creativecommons.org/licenses/by-sa/3.0/at/legalcode

als Rastplatz von späten Neanderthalern *(Homo neanderthalensis)* aufgeführt. Tatsächlich haben sich dort jedoch – nach Rabeders Schlussfolgerungen – mehr als 100.000 Jahre zuvor frühe Neanderthaler aufgehalten, die auch als Anteneanderthaler *(Homo anteneanderthalensis)* bezeichnet werden. Diese Menschen hinterließen in der Repolusthöhle in der Schicht mit den Bärenfossilien ihre Jagdbeutereste, mehrere Feuerstellen und Steinwerkzeuge.

Die ehemaligen Bewohner der Repolusthöhle erlegten vor allem Bären, Steinböcke und Wildschweine. Dies dürfte mit Holzlanzen bzw. -speeren geschehen sein, deren Spitzen an mehreren Fundorten Europas nachgewiesen sind. Ihre Feuerstellen gelten als die frühesten archäologischen Beweise für die Nutzung des Feuers in Österreich. Über dem Feuer haben die frühen Neanderthaler in der Repolusthöhle das Fleisch von Wildtieren gebraten. Nach den Mahlzeiten warfen sie die Speiseabfälle in einen mehr als 10 Meter tiefen Schacht im engeren und niedrigeren hinteren Teil der Höhle.

Zeitgenossen dieser Menschen waren unter anderem die erwähnten Bären sowie Löwen, Wölfe, Dachse, Biber, Stachelschweine, Riesenhirsche, Wildschweine, Steinböcke und Wisente. Nach Ansicht von Gernot Rabeder sprechen die Tierreste aus der Repolusthöhle für eine Warmphase, die vielleicht vor der Riß-Eiszeit lag.

Während der Riß-Eiszeit reichten die Gletscher der Alpen zeitweise weit in deren Vorland. In Österreich erstreckte sich das Eis beispielsweise bis Salzburg. Aber es gab dazwischen auch Warmphasen.

Die in der Repolusthöhle lagernden Menschen schlugen aus Quarzit und Hornstein ihre Geräte zurecht. Teilweise kommen die Rohstoffe in der Umgebung der Höhle vor, teilweise

Lebensbild des Steinheimer Menschen (Homo steinheimensis).
Zeichnung: Fritz Wendler (1941–1995)
für das Buch „Deutschland in der Steinzeit" (1991)
von Ernst Probst

mussten sie aber auch von weit her getragen worden sein, weil Hornstein dort nicht vorhanden ist. Unter den Steinwerkzeugen aus der Repolusthöhle befinden sich beidseitig behauene breite Klingenabschläge, Schaber und kleine Faustkeile (Fäustel). Ihre Form spricht nicht gegen das angenommene hohe Alter von mehr als 250.000 Jahren. Wenn man die von dem Marburger Prähistoriker Lutz Fiedler für Deutschland vorgenommene Gliederung der Altsteinzeit auch für Österreich verwendet, fallen die Funde aus der Repolusthöhle in das Jungacheuléen, dessen Beginn auf vor etwa 350.000 Jahren und dessen Ende auf vor rund 150.000 Jahren datiert wird.

Bedauerlicherweise ist der Höhlenboden in der Repolusthöhle bei früheren Grabungen in den 1950er Jahren restlos abgetragen worden. Daher sind keine neuen Untersuchungen an dieser für Österreich so bedeutsamen Fundstelle möglich und auch keine modernen Altersdatierungen von Funden aus der Zeit der frühen Neanderthaler. Rabeders Erkenntnisse über die alten Funde aus der Repolusthöhle können vielleicht aber der Ansporn dafür sein, auch die Inventare anderer österreichischer Höhlen, die bisher dem Moustérien zugeordnet werden, kritisch zu untersuchen. Eventuell ist mit weiteren Überraschungen zu rechnen.

Einer der bedeutsamsten fossilen Menschenfunde aus dem Jungacheuléen in Deutschland ist der 185 Millimeter lange und 132 Millimeter breite Schädel einer jungen Frau, der in einer Kiesgrube von Steinheim an der Murr in Württemberg entdeckt wurde. Dieses Fossil kam nicht ganz unerwartet zum Vorschein. Schon 1930 hatte der süddeutsche Geologe Georg Wagner (1885–1972) dem Bearbeiter der fossilen Tierwelt von Steinheim, Fritz Berckhemer (1890–1954) von der „Württembergischen Naturaliensammlung", bei einer gemeinsamen

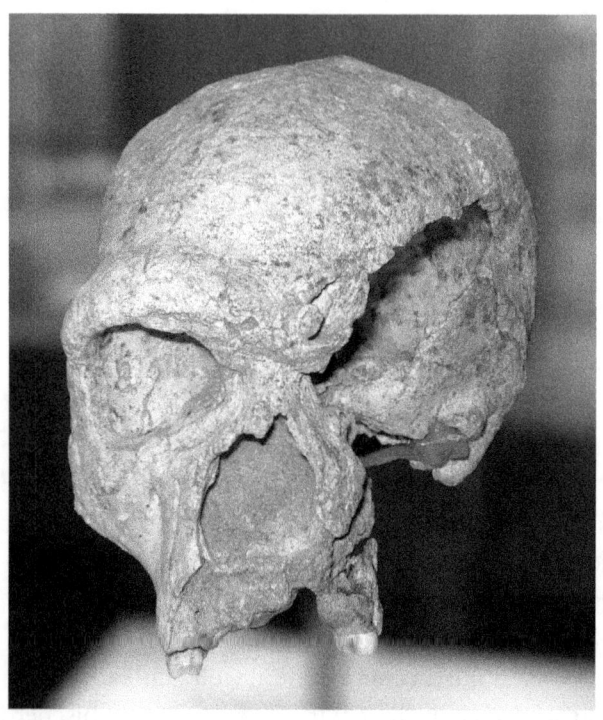

*Oberschädel des Steinheim-Menschen (Homo steinheimensis)
im „Staatlichen Museum für Naturkunde" in Stuttgart.
Foto: Dr. Günter Bechly / CC-BY-SA3.0
(via Wikimedia Commons),
lizensiert unter Creative-Commons-Lizenz by-sa-3.0-de,
https://creativecommons.org/licenses/by-sa/3.0/legalcode*

Begehung von Kiesgruben gewünscht, dessen Forschungen sollten durch den Fund eines Ur-Menschen gekrönt werden. Drei Jahre später ging dieser Wunsch in Erfüllung

Am 24. Juli 1933 meldete Karl Sigrist, der Sohn des Steinheimer Grubenbesitzers, dem Stuttgarter Museum telefonisch einen affenartigen Schädelfund, über dem etwa fünf Meter mächtige eiszeitliche Schotter gelegen hatten. Berckhemer eilte nach Steinheim an der Murr, nahm den durch einen Sack abgedeckten Fund in Augenschein und hoffte bereits zu diesem Zeitpunkt, dass vielleicht ein Menschenschädel im Sand verborgen lag. Der Stuttgarter Wissenschaftler überließ die Bergung seinem Oberpräparator Max Böck (1877–1945), der am Tag darauf den bruchgefährdeten Knochen sorgfältig vom umhüllenden Sand befreite und mit einer Gipshülle vor der Zerstörung bewahrte. Der Fund wurde nach Stuttgart gebracht, dort für die wissenschaftliche Bearbeitung hergerichtet und 1934 von Berckhemer als *Homo steinheimensis* beschrieben.

Berckhemer erkannte, dass der Steinheimer Mensch durch etliche Merkmale seines Schädels mit dem heutigen Menschen verbunden ist und diesem trotz seines hohen geologischen Alters näher zu stehen scheint als dem zeitlich jüngeren Neanderthaler. Was Berckhemer besonders auffiel, waren die schweren Verletzungen am Schädel des Steinheimer Menschen. Er erwähnte sie, blieb jedoch vorsichtig mit den Folgerungen aus diesem Tatbestand. Deutlicher äußerte sich der Tübinger Anatom und Anthropologe Wilhelm Gieseler (1900–1976). Er vertrat die Auffassung, dass ein Zeitgenosse der Steinheimer Frau die linke Schläfenseite eingeschlagen habe. Nach dem Tode müsse dann der Kopf abgetrennt worden sein Die schweren Verletzungen am Schädel der Steinheimer Frau deutete man als Zeugnis für Kannibalismus. Gewaltsam geöffnete Schädel

Deutscher Anthropologe Alfred Czarnetzki (1937–2013).
Foto: Archiv Dr. Alfred Czarnetzki

und Markknochen kennt man bei Jahrmillionen alten *Australopithecus*-Vormenschen aus Afrika, bei vor Jahrhunderttausenden lebenden *Homo erectus*-Frühmenschen, bei den späten Neanderthalern aus der letzten Eiszeit, bei jungsteinzeitlichen Ackerbauern und sogar noch bei Naturvölkern des 20. Jahrhunderts. Das entnommene Gehirn muss bei unseren frühen Vorfahren eine große Bedeutung besessen haben, und sei es nur als besonderer Leckerbissen. Exakte Beweise für diese Überlegungen gibt es bislang nicht. Man kennt zwar die Beweggründe für die Entnahme und das Verzehren von Hirnen aus menschlichen Schädeln durch heutige Naturvölker, doch ob man diese Erkenntnisse auf eine Zeit vor einigen Jahrhunderttausenden übertragen kann, gilt als problematisch.

Die Verletzungen am Schädel der Steinheimer Frau ähneln nach Ansicht einiger Wissenschaftler denjenigen jetziger Menschen, die mit einem stumpfen Gegenstand – wie einem Hammer oder einem Stock – erschlagen worden sind. Die auffällige Zerstörung an der linken Schläfenseite des Steinheimer Frauenschädels könnte aber nach Auffassung des Tübinger Anthropologen Alfred Czarnetzki (1937–2013) auch durch einen großen Kiesel verursacht worden sein, der in den Bergungsberichten erwähnt wird. Ein schwerer Hieb mit einem stumpfen Gegenstand hinterließe normalerweise andere Risse, als sie an dem Steinheimer Schädel heute noch zu beobachten sind, meinte Czarnetzki. Und der Defekt am Hinterhauptsloch wäre auch durch die Lagerung in der Erde erklärbar. An den entsprechenden Stellen des Schädels ist das Hinterhaupt besonders dünn. Soviel man auch über den Vorgang und die Motive einer möglichen Tat spekulieren mag, fest steht, dass das Opfer in vergleichsweise jungen Jahren sein Leben verlor.

Der Stuttgarter Paläontologe Karl Dietrich Adam (1921–2012) nahm an, dass die Steinheimer Frau im dritten Lebensjahrzehnt gestorben ist. Ihre Zähne waren noch nicht stark abgekaut. Vom Erscheinungsbild her besaß der Steinheimer Frauenschädel schon etliche moderne Merkmale. Er hatte den für uns typischen fünfeckigen Umriss und eine tiefliegende Nasenwurzel samt Wangengruben, die unseren heutigen gleichen. Die Schädelkapazität beträgt etwa 1.100 Kubikzentimeter. Dies sind rund 200 Kubikzentimeter weniger als bei einer heutigen mitteleuropäischen Frau. Unter Schädelkapazität versteht man das Fassungsvermögen des Schädelinnenraumes, das Gehirnvolumen ist etwas geringer. Im Vergleich mit dem Gehirn jetziger Menschen (etwa 1.500 Kubikzentimeter bei männlichen Europäern) war das des *Homo steinheimensis* noch wesentlich kleiner.

Der Schädel des Steinheimer Menschen befand sich in Ablagerungen der Murr, in denen seit Ende des letzten Jahrhunderts zahlreiche Überreste von wärmeliebenden Tieren entdeckt wurden. Zeitgenossen dieses Menschen waren Europäische Waldelefanten, Waldnashörner, Waldriesenhirsche, Damhirsche, Wasserbüffel und Auerochsen, deren Vorkommen auf eine besondere Klimagunst hinweist.

Der Steinheimer Mensch lebte und starb in einer Warmzeit, in der die Sommer warm und die Winter mild waren. Diesen Schluss legen Fossilfunde von Europäischen Sumpfschildkröten der Art *Emys orbicularis* in gleichaltrigen Sauerwasserkalken von Bad Cannstatt nahe. Die Sumpfschildkröten brauchen zur Fortpflanzung eine lange Sonnenscheindauer im Sommer, sonst ist ihre Vermehrung nicht gesichert. Auch die breite Öffnung der knöchernen Nase der Steinheimer Frau könnte so interpretiert werden, dass sie in einer Warmzeit lebte.

Heute noch besitzen Menschen in Gegenden mit höherem Wasserdampfdruck (hohe Luftfeuchtigkeit bei hohen Temperaturen) breitere Nasen. Über den Schottern der Murr, in denen sich der Schädel der Steinheimer Frau zusammen mit Vertretern einer warmzeitlichen Fauna befand, lagern jüngere Schichten mit Überresten von kältevertragenden Säugetieren.

Aus der Höhlenruine von Hunas unweit von Hartmannshof (Kreis Nürnberger Land) in Mittelfranken (Bayern) barg man einen rechten dritten Backenzahn, der mehr als 250.000 Jahre alt sein soll und daher von einem frühen Neanderthaler herrühren könnte. Dieser Zahn wurde 1976 von dem Präparator Albert J. Günther bei Ausgrabungen des „Instituts für Paläontologie" der „Universität Erlangen-Nürnberg" entdeckt, die unter der Leitung des Paläontologen Josef Theodor Groiß standen.

Mit frühen Neanderthalern werden auch die in den Travertin-Steinbrüchen von Ehringsdorf bei Weimar in Thüringen gefundenen Teile von Schädeln, ein Oberkieferbruchstück, Unterkieferbruchstücke und das deformierte Schädeldach einer Frau in Zusammenhang gebracht. Die Datierungen dieser Funde sind jedoch sehr umstritten. Sie erstrecken sich über einen Zeitraum von etwa 260.000 bis 115.000 Jahren. Die ersten menschlichen Skelettreste in Ehringsdorf wurden 1908 von dem Steinbruchbesitzer Robert Fischer (1882–1959) entdeckt. Danach gelangen zahlreiche weitere Funde, von denen das Fundjahr nicht immer bekannt ist.

Vielleicht werden eines Tages auch in Österreich menschliche Fossilien aus den Kulturstufen Jungacheuléen (etwa 350.000 bis 150.000 Jahre) und Spätacheuléen (etwa 150.000 bis 100.000 Jahre) entdeckt. Den Begriff Spätacheuléen hat 1964 der deutsche Prähistoriker Klaus Günther (1932–2006) eingeführt.

*Jagd auf einen Waldelefanten in Lehringen an der Aller
in Norddeutschland.
Zeichnung: Fritz Wendler (1941–1995) für das Buch
„Deutschland in der Steinzeit" (1991) von Ernst Probst*

Ein Teil der Experten betrachtet allerdings das Spätacheuléen als Teil des Jungacheuléen, womit dieses bis vor rund 100.000 Jahren dauern würde.

Wie ein Fund aus einer Mergelgrube von Lehringen an der Aller im niedersächsischen Kreis Verden zeigt, haben die Jäger des Spätacheuléen selbst die großen Europäischen Waldelefanten nicht gefürchtet. Dort hatte man im März 1948 auffällig große Tierknochen entdeckt, die man bei der ersten Besichtigung für Mammutreste hielt. Tatsächlich handelte es sich jedoch um Knochen eines Europäischen Waldelefanten. Wegen anhaltend schlechtem Wetter konnten diese aber nicht sofort, sondern erst etliche Tage später ausgegraben werden. Bei der Bergung stieß der Mittelschulrektor i. R. Alexander Rosenbrock (1880–1955) auf eine 2,24 Meter lange Holzlanze aus Eibenholz, die im Skelett des Europäischen Waldelefanten steckte. Der Schaft dieser Lehringer Jagdwaffe war vollständig entrindet und glatt geschabt. Nahezu 40 Astansätze hatte man sorgfältig entfernt. Das dünnere Ende der Lanze ist zugespitzt und mit Hilfe von Feuer gehärtet worden. Verrundungen am Unterende der Lanze deuten auf eine längere Verwendung hin. Über den weiteren Verbleib der Lanze kam es zwischen dem Land Niedersachsen und dem „Heimatbund Verden" zu einem siebenjährigen Rechtsstreit, der erst 1955 beigelegt werden konnte. Die bis dahin im „Niedersächsischen Landesmuseum" in Hannover aufbewahrte Lanze wurde dem „Heimatmuseum Verden" übergeben. In der Umgebung der Lehringer Waldelefantenknochen hatte man auch Feuersteinabschläge aufgesammelt, die vielleicht zum Schneiden von Fleisch benutzt worden sind.

Französischer Prähistoriker Gabriel de Mortillet (1821–1898).
Foto: (via Wikimedia Commons),
Lizenz: gemeinfrei (Public domain)

Höhlenbärenjäger in den Alpen

Das Moustérien

Aus der Kulturstufe des Moustérien vor etwa 125.000 bis 40.000 Jahren liegen in den Bundesländern Salzburg, Tirol, Kärnten, Steiermark, Oberösterreich, Niederösterreich und Burgenland prähistorische Funde vor. Im Vergleich zu Deutschland oder gar Frankreich kennt man jedoch in Österreich viel weniger Hinterlassenschaften dieser Zeit. Der Begriff Moustérien wurde 1869 von dem französischen Prähistoriker Gabriel de Mortillet (1821–1898) aus Saint-Germain bei Paris nach den Funden aus der Höhle von Le Moustier bei Les Eyzies-de-Tayac im Département Dordogne geprägt.

Das Moustérien fiel zunächst in eine Warmzeit, die in Österreich als Riß/Würm-Interglazial (vor etwa 125.000 bis 115.000 Jahren) bezeichnet wird, weil sie zwischen der Riß- und Würm-Eiszeit lag. Der Begriff Riß/Würm-Interglazial wurde 1909 von dem Berliner Geographen Albrecht Penck (1858–1945) und dem damals in Wien wirkenden deutschen Geographen Eduard Brückner (1862–1937) geprägt. Statt Riß/Würm-Interglazial spricht man auch von der Riß/Würm-Warmzeit oder von der Eem-Warmzeit. Der Begriff Interglazial wurde 1865 durch den Zürcher Botaniker Oswald Heer (1809–1883) eingeführt. Die restliche Zeit des Moustérien war zeitgleich mit den ersten 75.000 Jahren der Würm-Eiszeit, die insgesamt etwa von vor 115.000 bis 10.000 Jahren währte.

Im Riß/Würm-Interglazial war es in Österreich einige Grad Celsius wärmer als heute. Die alpinen Gletscher schmolzen im

Rekonstruktion eines Europäischen Waldelefanten.
Bild: DFoidl / CC-BY3.0 (via Wikimedia Commons),
lizensiert unter Creative-Commons-Lizenz by-3.0-en,
http://creativecommons.org/licenses/by/3.0/legalcode

Rekonstruktion eines Mammuts
des österreichischen Paläontologen Othenio Abel (1876–1946)

Laufe dieser Warmzeit bis in ihre Ausgangsgebiete im Hochgebirge zurück. Statt der baumlosen Steppe vor den Alpen breiteten sich wieder Wälder aus. Zu Beginn dieser Warmzeit behaupteten sich vor allem Birken und alpine Kiefern. Es folgten klimatisch anspruchsvolle Eichenmischwälder mit Ulmen und Eschen. Nach der Haselnuss setzten sich Fichten, Eiben, schließlich Hainbuchen und vor allem Tannen durch. Gegen Ende der Warmzeit traten langsam lichter werdende Fichten- und Kiefernwälder auf.

Zur Tierwelt Österreichs im Riß/Würm-Interglazial gehörten unter anderem Europäische Waldelefanten, Waldnashörner, Höhlenlöwen und Höhlenbären. Die Europäischen Waldelefanten waren mit einer maximalen Schulterhöhe von 4,50 Metern die größten Landsäugetiere der damaligen Zeit. Wie die riesigen Europäischen Waldelefanten gelten auch die tonnenschweren Waldnashörner als typische Tiere von Warmzeiten des Eiszeitalters. Die in Rudeln lebenden, einschließlich Schwanz bis zu 3,20 Meter langen Höhlenlöwen dürften die gefährlichsten Raubtiere gewesen sein.

Im Riß/Würm-Interglazial und in den klimatisch relativ günstigen Abschnitten der frühen und mittleren Würm-Eiszeit wagten sich in den Ostalpen mutige Jäger in die hochgelegenen Bereiche des Gebirges vor, um dort vor allem die kräftigen und wohl auch gefürchteten Höhlenbären zu jagen. Die Würm-Eiszeit begann mit kräftigen Klimaschwankungen, die zumindest am Alpenrand und gebietsweise im Vorland – wo es ausreichend Niederschläge gab – einen Wechsel zwischen waldfreien Steppen und dichten Fichten-Kiefern-Wäldern zur Folge hatte. Dabei schwächten sich die Warmphasen immer mehr ab. Wie Ergebnisse der Grabungen in der Ramesch-Knochenhöhle oder in der Salzofenhöhle gezeigt haben, waren die Ostalpen in ihrem östlichen Bereich bis hoch in die Berge eisfrei.

Lebensbilder von Höhlenlöwe (oben) und Fellnashorn des Berliner Tiermalers Heinrich Harder (1858–1935)

Lebensbilder von Moschusochse (oben) und Wisent
des Berliner Tiermalers Heinrich Harder (1858–1935)

„Neanderthal"
bei Düsseldorf-Mettmann
auf einer Lithographie von 1835

Forscher und Sammler
Johann Carl Fuhlrott
(1803–1877)

In Kaltphasen der Würm-Eiszeit lebten Mammute und Fell-nashörner, aber auch Riesenhirsche, Elche, Rentiere, Mo-schusochsen und Wisente. Dagegen gab es in Warmphasen unter anderem Höhlenbären, Höhlenlöwen, Höhlenhyänen und Wildpferde. In Österreich konnten bisher keine menschlichen Skelettreste aus dem Moustérien entdeckt werden. Man kann davon ausgehen, dass sich die Moustérien-Leute in Österreich wenig von ihren Zeitgenossen in den Nachbarländern Deutschland, Tschechien, Ungarn, Kroatien und Italien unterschieden, wo man Skelettreste von Neanderthalern fand. Die Altmenschen aus dem Moustérien gelten als „späte Neanderthaler" oder „klassische Neanderthaler". Der weltweit berühmteste Fund dieses Typs wurde im August 1856 beim Abbruch der Kleinen Feldhofer Grotte im „Neanderthal" bei Düsseldorf-Mettmann von zwei italienischen Steinbruch-arbeitern entdeckt. Beim Ausräumen von Höhlenlehm stießen sie auf 16 Knochenfragmente, warfen diese aber zunächst achtlos weg, weil sie den wissenschaftlichen Wert des Fundes nicht ahnten. Erst als die Arbeiter ein Schädeldach bargen, informierten sie die Eigentümer des Steinbruchs, Friedrich Wilhelm Pieper und Wilhelm Beckershoff. Die Stein-bruchbesitzer vermuteten, die Skelettreste seien Knochen eines Höhlenbären, wie sie häufig in Höhlen zu finden sind. Dass es sich hierbei um sehr seltene Überreste eines urzeitlichen Menschen handelte, erkannte als erster der herbeigerufene Realschullehrer Johann Carl Fuhlrott (1803–1877) aus Wup-pertal-Elberfeld, der im Bergischen Land einen guten Ruf als Forscher und Sammler genoss.

Die Steinbruchbesitzer überließen Fuhlrott den Fund, zu dem das Schädeldach, der rechte und der linke Oberarm, fünf Rippenfragmente, die linke Beckenhälfte und beide Ober-

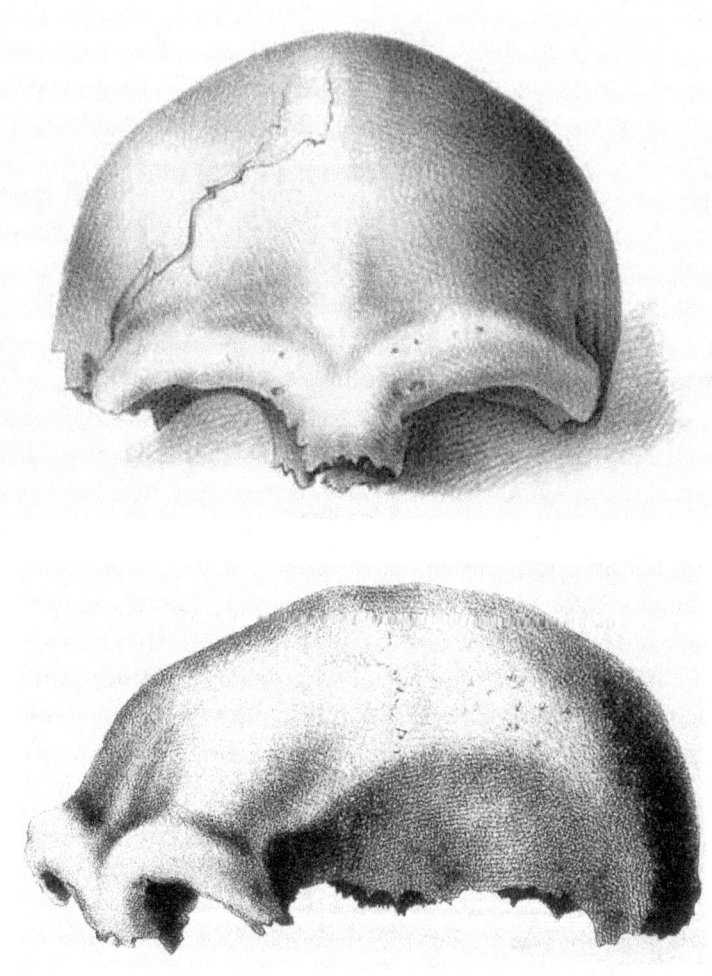

Schädeldach des 1856 im „Neanderthal" entdeckten „Neanderthalers"
auf den 1859 von Johann Carl Fuhlrott (1803–1877)
in seinem Aufsatz „Menschliche Ueberreste aus einer Felsengrotte
des Düsselthals" veröffentlichten Zeichnungen

schenkel gehören. Diese Reste stammen von einem nicht viel mehr als 1,60 Meter großen, mindestens 40-jährigen Mann. Wegen der sie umgebenden Lehmhülle wurde das Skelett nicht als solches erkannt und könnte sogar komplett vorhanden gewesen sein.

Der irische Geologe William King (1809–1866) betrachtete die Knochenfunde aus dem „Neanderthal" als Überreste eines vorzeitlichen Menschen und verlieh ihnen 1864 zur Erinnerung an den Fundort den wissenschaftlichen Artnamen *Homo neanderthalensis* („Mensch aus dem Neanderthal"). Die Schreibweise „neanderthalensis" beruht darauf, dass das „Neanderthal" bis zur Rechtschreibreform von 1901 noch mit „h" geschrieben wurde. Im Laufe der Zeit bürgerte sich der Begriff Neandertaler ohne „h" ein. Ich selbst verwende die ursprüngliche Schreibweise „Neanderthaler" mit „h". Denn es sieht seltsam aus, wenn man den wissenschaftlichen Artnamen *„Homo neanderthalensis"* mit „h", aber den populären Namen „Neandertaler" ohne „h" schreibt.

Erst 1901 konnte der Straßburger Anatom Gustav Schwalbe (1844–1916) die Anerkennung des hohen geologischen Alters des Neanderthalers aus der Kleinen Feldhofer Grotte in der Fachwelt durchsetzen. 1931 betrachtete der Wittenberger Ornithologe und Theologe Otto Kleinschmidt (1870–1954) den Neanderthaler als eine Unterart, der er den Namen *Homo sapiens neanderthalensis* verlieh. Heute betrachtet man den Neanderthaler wieder als eine Art namens *Homo neanderthalensis.*

Die fossilen Knochenreste aus der Kleinen Feldhofer Grotte im Neandertal sind nach neuen Datierungen etwa 42.000 Jahre alt. Damit gehören sie zu den jüngsten Neanderthaler-Funden in Mitteleuropa. Früher hat man die Funde aus der Kleinen Feldhofer Grotte auf ungefähr 70.000 Jahre geschätzt.

Irischer Geologe William King (1809–1866).
Foto: Porträt vor 1866

Die „klassischen Neanderthaler" wurden bis zu etwa 1,60 Meter groß und hatten eine untersetzte Statur. Ihre Hirnkapazität betrug 1.350 bis 1.750 Kubikzentimeter – im Durchschnitt also 1.500 Kubikzentimeter – und lag damit im Variationsbereich der Jetztmenschen. Die Stirn war flach, über den Augen befanden sich kräftige Knochenwülste. Das Mittelgesicht trat stark hervor, die Augen- und Nasenöffnungen waren auffallend groß, die Nase wirkte plump und breit. Der mächtige Unterkiefer trug ein so weit nach vorn gerücktes Gebiss, dass zwischen dem letzten Backenzahn oder Weisheitszahn und dem aufsteigenden Ast des Unterkieferknochens eine Lücke entstand. Die Vorderzähne waren massiv und hochkronig und dienten vielleicht auch zum Festhalten von Gegenständen. Das Kinn hatte fliehende Form. Die Hände waren breit, die Finger kurz und dick.

Die Neanderthaler sahen keineswegs plump, brutal oder tierhaft aus, auch wenn noch heute solche Bilder suggeriert werden. Ihre Haltung war voll aufrecht, nicht nach vorn geneigt. Dies schrieb der Weimarer Prähistoriker Rudolf Feustel in seinem faktenreichen Buch „Abstammungsgeschichte des Menschen", dessen erste Auflage 1976 erschien.

Im Gegensatz zu den heutigen Menschen *(Homo sapiens)* hatten die „klassischen Neanderthaler" einen robusteren Körperbau mit sehr massiven Extremitätenknochen, die im Unterarm und Oberschenkel oft stärker als bei uns gebogen waren. Nach den Muskelmarken zu schließen, handelte es sich um sehr kräftige Menschen.

Wie Angehörige aus anderen Kulturstufen der Altsteinzeit haben sich die Neanderthaler mit Vorliebe im noch vom Tageslicht erhellten Eingangsbereich der Höhlen aufgehalten. Bei ihren Streifzügen errichteten sie aber auch Behausungen im Freiland.

Rekonstruktion des Neanderthalers von 1888
durch den Bonner Anatomen und Anthropologen
Hermann Schaaffhausen (1816–1893).
Er war der erste wissenschaftliche Bearbeiter
der 1856 im „Neanderthal" entdeckten Skelettreste
eines Neanderthalers.

Die Zahl der gleichzeitig im Moustérien in Österreich lebenden Menschen lässt sich nicht abschätzen. Bisher kennt man ein Dutzend Fundstellen von Steinwerkzeugen von moustéroidem Charakter, die jedoch ein unterschiedlich hohes Alter aufweisen. Denkbar ist, dass sich im Moustérien einige hundert bis einige tausend Neanderthaler in Österreich aufhielten.

Im Bundesland Salzburg wurde die Durchgangshöhle unterhalb des Schlenkenberggipfels bei Vigaun in der Nähe von Hallein während des Riß/Würm-Interglazials von Menschen aufgesucht. Hier fand man Holzkohlespuren, die von einer Feuerstelle stammen, und Werkzeuge. Zeitweise diente diese Höhle auch Höhlenbären als Unterschlupf. Sie wurde 1968 bis 1970 durch den Wiener Paläontologen Kurt Ehrenberg (1896–1979) erforscht.

Ehrenberg war ein Schüler des berühmten österreichischen Paläontologen Othenio Abel (1875–1946). Abel wirkte als Professor in Wien und Göttingen und gilt als Begründer der Paläobiologie. Ehrenberg wurde später Abels Schwiegersohn. Von 1921 bis 1923 war Ehrenberg Mitarbeiter von Abel bei den Grabungen in der Drachenhöhle bei Mixnitz in der Steiermark. Die Ausgrabung dieser alpinen Bärenhöhle hat die spätere Arbeitsrichtung Ehrenbergs maßgeblich beeinflusst.

In Tirol gilt die Tischoferhöhle (auch Schäferhöhle oder Bärenhöhle genannt) im Kaisertal bei Kufstein als Aufenthaltsort von Moustérien-Leuten. Sie wurde seit dem Mittelalter untersucht. 1859 nahm der Lehrer Adolf Pichler (1819–1900) aus Innsbruck Grabungen vor. 1906 untersuchte der Paläontologe Max Schlosser (1854–1933) aus München die Höhle. 1960 folgte eine Untersuchung durch den Innsbrucker Prähistoriker Osmund Menghin (1920–1989).

Drachenhöhle bei Mixnitz in der Steiermark
auf einer 1747 entstandenen Zeichnung

In Kärnten wurde die Höhle im Griffener Burgberg im Moustérien von Neanderthalern bewohnt.

In der Steiermark sind im Riß/Würm-Interglazial die Große Badlhöhle im Badlgraben bei Peggau, die Drachenhöhle bei Mixnitz sowie das Lieglloch im Toten Gebirge bei Tauplitz von Moustérien-Leuten begangen worden. Dort hat man vor allem Steinwerkzeuge entdeckt. Die früher dem Moustérien zugerechneten Funde in der Repolusthöhle bei Peggau sind nach neueren Erkenntnissen viel älter.

In der Großen Badlhöhle bei Peggau grub 1837/1838 Ferdinand Josef Johann Freiherr von Thinnfeld (1793–1868) aus Feistritz. Darüber berichtete 1838 der Grazer Botaniker Franz Unger (1800–1870).

In der 950 Meter hoch gelegenen Drachenhöhle bei Mixnitz (auch Kogellucken genannt) konnten neben Steinwerkzeugen auch Jagdbeutereste und Spuren von Feuerstellen nachgewiesen werden. Dort wurde ab 1919 Phosphaterde als Düngemittel abgebaut. Dabei fand man 1921 einen ersten von Menschenhand bearbeiteten Kieselstein.

Danach erforschte der Wiener Paläontologe Othenio Abel die Überreste von Tieren aus der Drachenhöhle und der Wiener Höhlenkundler Georg Kyrle die urgeschichtlichen Funde. Kyrle (1887–1937) war ursprünglich Apotheker, studierte später jedoch Vorgeschichte, Anthropologie und Geographie. Er promovierte 1912, wurde wissenschaftlicher Mitarbeiter des Staatsdenkmalamtes in Wien, 1921 Generalkonservator im Bundesdenkmalamt und 1929 Professor für Höhlenkunde.

Als Höhlenwohnungen des Moustérien in der Steiermark betrachtet man außerdem die Fundorte Kugelsteinhöhle III (Tunnelhöhle) und Kugelsteinhöhle II (Bärenhöhle) bei Deutschfeistritz, in denen Steinwerkzeuge dieser Kulturstufe zum Vorschein kamen. Die beiden Höhlen liegen in 500 bzw. 480 Meter Höhe.

In Oberösterreich wurde die Salzofenhöhle im Toten Gebirge bei Grundlsee von Jägern aus dem Moustérien kurzfristig besiedelt. Sie befindet sich in etwa 2.000 Meter Höhe und ist damit eine der am höchsten gelegenen Höhlenwohnungen der Neanderthaler. In historischer Zeit versteckten sich dort Salzschmuggler, woran der Höhlenname erinnert. Die Salzofenhöhle wurde von 1924 bis 1944 durch den Schulrat Otto Körber (1886–1945) aus Bad Aussee untersucht. Zwischen 1939 und 1948 nahm der Wiener Paläontologe Kurt Ehrenberg Grabungen vor.

Auch die in etwa 1.960 Meter Höhe gelegene Ramesch-Knochenhöhle im Toten Gebirge bei Spital am Phyrn (Oberösterreich) wurde im Moustérien von Höhlenbärenjägern aufgesucht. Dies dokumentieren die 1980, 1981 und 1983 bei Ausgrabungen unter der Leitung des Wiener Paläontologen Gernot Rabeder entdeckten Feuersteingeräte aus ortsfremdem Material. Die Grabungen in der Ramesch-Knochenhöhle gehen auf eine Initiative des damaligen Direktors des „Oberösterreichischen Landesmuseums" in Linz, Hermann Kohl (1920–2010), zurück. Dieser schlug 1978 den späteren Grabungsleitern Karl Mais und Gernot Rabeder vor, für das Landesmuseum in einer hochalpinen Höhle zu graben, um diesen Typ einer eiszeitlichen Fossillagerstätte zu dokumentieren und im Rahmen der Eiszeitausstellung der Öffentlichkeit zu zeigen. Bei einer Studienexkursion im Juni 1978 in verschiedenen Höhlen des Toten Gebirges wurde die Knochenhöhle im Ramesch als für dieses Vorhaben besonders günstig erkannt.

Rabeder konnte 1986 auch in der 770 Meter hoch gelegenen Nixluckenhöhle im Ennstal zwischen Ternberg und Losenstein

(Oberösterreich) vier Schabewerkzeuge aus schwarzem Hornstein bergen, die ins Moustérien gehören. Häufiger als von den Bärenjägern wurde die Nixluckenhöhle allerdings von Höhlenbären bewohnt.

In Niederösterreich haben sich Menschen des Moustérien in der Gudenushöhle, in der Höhle Teufelslucken (auch Fuchsenlucken genannt), auf dem Plateau des Königsberges, an der Fundstelle Willendorf I und in Krems-Hundssteig aufgehalten. In der Gudenushöhle in der Felswand unterhalb der Burg Hartenstein über dem Tal der Kleinen Krems hinterließen Moustérien-Leute etliche Steinwerkzeuge. Hier wurden am 27. September 1883 als erste die Heimatforscher Pater Leopold Hacker (1843–1926) aus Purk bei Kottes, der Ingenieur Ferdinand Brun (1850–1903) und der Oberlehrer Walter Werner (geboren 1857), beide aus Kottes, fündig. An der Bergung von Funden beteiligte sich später auch Pater Benedikt Kißling (1851–1926), der damals als Kooperator in Kottes wirkte.

Die bis zu den Grabungen von 1883 namenlose Höhle ist von den ersten Ausgräbern nach dem Besitzer der Burg Hartenstein, Heinrich Reichsfreiherr von Gudenus (1839–1915), benannt worden. Der Fundkomplex aus der Gudenushöhle wurde 1908 durch den damals in Freiburg (Schweiz) wirkenden französischen Prähistoriker Henri Breuil (1877–1961) und durch den von 1909 bis 1911 in Wien tätigen deutschen Prähistoriker Hugo Obermaier (1877–1946) untersucht.

Breuil war katholischer Priester, nahm aber nie ein Pfarramt wahr, sondern lehrte ab 1905 Vorgeschichte in Freiburg (Schweiz) und ab 1910 in Paris. Auch Obermeier wurde zunächst zum katholischen Priester geweiht, ließ sich aber bald beurlauben, um ein Studium der Altertumswissenschaften zu beginnen. Er hat in Wien, Paris, Madrid und Freiburg (Schweiz)

Gudenushöhle im Tal der Kleinen Krems in Niederosterreich.
Foto: Schurdl / CC-BY-SA3.0 (via Wikimedia Commons),
lizensiert unter Creative-Commons-Lizenz by-sa-3.0-de,
https://creativecommons.org/licenses/by-sa/3.0/legalcode

Französischer Prähistoriker Henri Breuil (1877–1961).
Foto: Marcel Lefrancq (1916–1974) / CC-BY-SA3.0
(via Wikimedia Commons),
lizensiert unter Creative-Commons-Lizenz by-sa-3.0-en,
https://creativecommons.org/licenses/by-sa/3.0/legalcode

gelehrt und sich um die Altertumsforschung verdient gemacht. Von 1922 bis 1924 setzte der Prähistoriker Josef Bayer (1882–1931) in der Gudenushöhle die Forschungen fort. Dabei wies er zwei Siedlungshorizonte nach. Obwohl nach dieser Grabung der Höhleninhalt als weitgehend erschöpft galt, untersuchte der österreichische Höhlenforscher Robert G. Bednarik zwischen 1963 und 1976 ohne Genehmigung des Bundesdenkmalamtes die Gudenushöhle. Weil Bednarik seine Proben und Funde unerlaubt nach Australien ausführte, wohin er ausgewandert war, ließen sich seine Angaben nicht überprüfen.

Auch in den Teufelslucken am Nordabhang des Königsberges bei Roggendorf unweit der Stadt Eggenburg sowie im Freiland auf dem Plateau des Königsberges beweisen Steinwerkzeuge die Anwesenheit von Moustérien-Leuten.

In der Wachau, dem etwa 30 Kilometer langen Durchbruchstal der Donau zwischen Melk und Krems in Niederösterreich, ließen sich Moustérien-Jäger bei Willendorf nieder. Hinterlassenschaften von ihnen barg man an der Fundstelle Willendorf I in der Ziegelei Großensteiner. Es sind ausschließlich Steinwerkzeuge. Willendorf I wurde 1883 durch den Ingenieur und Heimatforscher Ferdinand Brun aus Kottes entdeckt. Er stammte aus Kindberg (Steiermark) und starb in Mödling/Niederösterreich. In Willendorf I gruben außer Brun auch der Wiener Landschaftsmaler Hans Fischer (1848–1915) und der Prager Geologe und Paläontologe Jan Woldrich (1834–1906).

Am nördlichen Ufer der Donau haben sich später auch Jäger jüngerer Kulturstufen bei Willendorf aufgehalten. Insgesamt kennt man dort mindestens sieben Freilandstationen. Davon liegen vier (Willendorf I bis IV) im Bereich der Ortsgemeinde

Willendorf und drei (Willendorf V bis VII) im Bereich der Ortsgemeinde Schwallenbach. Hinweise auf die Existenz von Jägern aus dem Moustérien fand man auch im Burgenland. So diente die etwa drei Kilometer nördlich von Winden gelegene Bärenhöhle als Quartier für eine kleine Gruppe von Neanderthalern. Die Bärenhöhle befindet sich am Westhang des Zeilerberges in etwa 210 Meter Höhe. Sie ist 1,70 Meter hoch und 45 Meter lang.

Die Neanderthaler aus dem Moustérien haben die Höhlen nicht ihr ganzes Leben lang bewohnt, sondern sich jeweils nur einige Zeit darin aufgehalten. Vermutlich deckten sie den Höhlenboden mit weichen Tierfellen ab, auf denen sie bequem sitzen und schlafen konnten. Vielleicht verwendete man außerdem Steinblöcke als Sitzgelegenheiten oder Tische. Feuerstellen sorgten an trüben Tagen und nach Anbruch der Dunkelheit für Licht und bei Kälte für Wärme. Ein wichtiges Kriterium bei der Wahl einer Höhlenunterkunft war die Nähe eines Flusses, eines Baches oder einer Quelle, um die Trinkwasser-versorgung zu sichern.

Im Freiland wurden bisher in Österreich keine aussagekräftigen Reste von Siedlungen, einzelnen Hütten oder Zelten von Neanderthalern entdeckt, wie man sie beispielsweise aus Deutschland, der Schweiz oder der Ukraine kennt. Dessen ungeachtet dürften aber auch die Moustérien-Leute in Österreich – viel häufiger, als es die spärlichen Funde belegen – aus Holzstangen und Tierfellen stabile Hütten oder Zelte im Freiland errichtet haben, wie sie damals bereits in vielen Gebieten üblich waren.

Diese Moustérien-Leute jagten Höhlenbären, Steinböcke, Rothirsche, Wildschweine, Höhlenlöwen, Wölfe und Mur-

Neanderthaler bei der gefährlichen Jagd auf Höhlenbären im österreichischen Alpengebiet.
Zeichnung: Fritz Wendler (1941–1995) für das Buch
„Deutschland in der Steinzeit" (1991)
von Ernst Probst

meltiere. In Gebirgsgegenden spezialisierten sie sich offenbar auf die Jagd von Höhlenbären. Hinweise dafür entdeckte man unter anderem in der Drachenhöhle bei Mixnitz, in der Überreste von sage und schreibe 30.000 Höhlenbären entdeckt wurden. Diese ungeheure Menge an Knochen erklärte man sich in früheren Jahrhunderten durch die Existenz von Drachen, worauf der Name Drachenhöhle zurückzuführen ist. Etliche der Schädel von Höhlenbären aus der Drachenhöhle lassen Hiebverletzungen über der Nasenwurzel erkennen. Auffällig viele Hand- und Fußknochen vor allem von jungen Höhlenbären deuten darauf hin, dass diese Teile der Jagdbeute besonders gern verspeist wurden.

Der aufgerichtet bis zu mehr als drei Meter große Höhlenbär mit seinem furchterregenden Gebiss und den kräftigen Tatzen war keine leichte Beute für die damaligen Jäger. Sie mussten ihm von Angesicht zu Angesicht gegenübertreten und einen günstigen Augenblick abwarten, ehe sie dem muskulösen Tier eine Stoßlanze in den Leib rammen konnten. Vermutlich führte ein einziger Stoß nicht sofort zum Tode, weshalb weitere Lanzenstiche oder wuchtige Hiebe mit schweren Keulen folgen mussten. Bei dieser gefährlichen Jagd dürfte mancher Jäger schwer verletzt oder getötet worden sein.

Außer dem Fleisch vom Höhlenbären, Steinbock, Rothirsch, Wildschwein und anderen Tieren werden die Moustérien-Leute vielerlei archäologisch nicht nachweisbare essbare Früchte, Kräuter und Samen verzehrt haben.

Im Fundgut der Moustérien-Leute aus Österreich und anderswo stieß man bisher auf keine Objekte, die beim Tauschen eine Rolle gespielt haben könnten. Gelegenheit dazu hätte es beim Zusammentreffen mit anderen Sippen während der Wanderungen oder Jagdstreifzüge sicher gegeben.

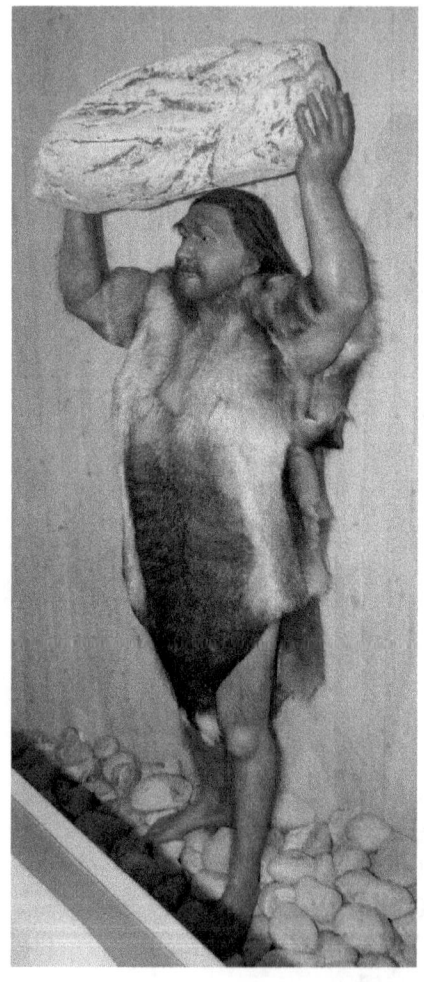

Rekonstruktion eines bekleideten Neanderthalers
im Neanderthal-Museum, Mettmann.
Foto: Neozoon / CC-BY-SA3.0 (via Wikimedia Commons),
lizensiert unter Creative-Commons-Lizenz by-2.5,
https://creativecommons.org/licenses/by/2.5/legalcode

Die während des Riß/Würm-Interglazials in Österreich lebenden Moustérien-Leute haben vermutlich ebenso Kleidung getragen wie die spätere Bevölkerung in der Würm-Eiszeit. Ein Aufenthalt von nackten Neanderthalern in hochgelegenen Höhlen der Alpen ist allein schon wegen der nächtlichen Kälte nicht vorstellbar. Im Gegensatz zu den dort hausenden Höhlenbären hatten die Neanderthaler kein dichtes Haarkleid. Der steinige Boden in Gebirgsgegenden erforderte vermutlich eine strapazierfähige Fußbekleidung, also irgendeine Art von „Schuhen" in Form von Lappen aus Leder. Als Rohmaterial für Kleidungsstücke dürfte man Tierfelle oder -häute vom Rothirsch verwendet haben.

Die Steinwerkzeuge der das flache Land bewohnenden Neanderthaler ähnelten denjenigen aus den anderen Verbreitungsgebieten des Moustérien in Europa. Sie waren sorgfältig zugeschlagen und besaßen dieselben Formen. Man fertigte vor allem einflächig bearbeitete Werkzeuge an. Faustkeile wurden nur noch selten geschaffen. Dagegen setzten sich immer mehr die flachen, dreieckigen Handspitzen durch. In auffälligem Kontrast zu den Funden aus dem Flachland stehen die Steinwerkzeuge aus den hochgelegenen Höhlen im Alpengebiet. Diese früher dem „Alpinen Paläolithikum" zugerechneten Werkzeuge wurden meist aus minderwertigerem Material hergestellt, das den Gestaltungswillen des Steinschlägers kaum erkennen lässt.

In der Durchgangshöhle unterhalb des Schlenkenberggipfels fand man Werkzeuge aus Kalkstein mit Schlagbuckel und -flächen, jedoch ohne Retuschen, außerdem Werkzeuge aus Hornstein mit Randretuschen und eine sieben Zentimeter lange Handspitze aus ortsfremdem Gestein. Die Steinwerkzeuge aus der Gudenushöhle bestehen aus Quarzit, Bergkristall und

Werkzeug aus dem Moustérien.
Foto: José-Manuel Alvarez (via Wikimedia Commons),
Lizenz: gemeinfrei (Public domain)

Hornstein. Von diesem Fundort kennt man Handspitzen, Schaber und kleine Faustkeile (Fäustel). Die Steinwerkzeuge aus den Teufelslucken und vom Plateau des Königsberges wurden aus grauem Hornstein angefertigt.

Eine der Bestattungen in der Grotte von Shanidar (Irak) gilt als Beispiel für die Humanität der Neanderthaler. Ein etwa 35-jähriger Mann litt unter Behinderungen, wegen denen er wohl kaum ohne fremde Hilfe leben konnte. Lange vor seinem Tod brach zweimal sein rechter Oberarm. Zeitweise hieß es, die Amputation dieses Oberarmes oberhalb des Ellenbogens sei vielleicht die früheste bekannte Operation der Menschheitsgeschichte gewesen. Außerdem war dieser Mann angeblich auf dem linken Auge erblindet. Wegen anomaler Entwicklung des linken Fußknöchels und Gelenkentzündung (Arthritis) vor allem am rechten Bein konnte der Behinderte schlecht gehen. Man pflegte und versorgte ihn so gut, dass er ein für die damalige Zeit erstaunlich hohes Alter erreichte. Womöglich fand er bei einem Felssturz in der Höhle den Tod.

Bisher hat man in Österreich keine Bestattungen von Neanderthalern aus dem Moustérien entdeckt. Das ist für eine Zeitspanne von ungefähr 85.000 Jahren erstaunlich.

Bestattungen aus dem Moustérien in Frankreich, aus Deutschland und aus dem Nahen Osten beweisen, dass die Menschen des Moustérien als erste unserer Vorfahren ihre Verstorbenen sorgfältig zur letzten Ruhe betteten und sie mit Beigaben versahen. Damals waren in den Nachbarländern aber auch Schädelkult und rituell motivierter Kannibalismus üblich.

Beim berühmten Fund von 1856 aus der Kleinen Feldhofer Grotte im „Neanderthal" in Deutschland halten es Prähistoriker kaum für möglich, dass dieser Mann nach seinem Tode frei in der Höhle liegen blieb. Aasfresser, besonders Höhlenhyänen,

Rekonstruktion eines bewaffneten Neanderthalers
im Neanderthal-Museum, Mettmann.
Foto: Stefan Scheer / CC-BY-2.5 (via Wikimedia Commons),
lizensiert unter Creative-Commons-Lizenz by-2.5-de,
https://creativecommons.org/licenses/by/2.5/legalcode

hätten von dem Leichnam kaum etwas übriggelassen. Die wenigen Knochen, die zum Zerbeißen und Fressen zu groß sind, wären weit verschleppt worden. Daher nimmt man an, dass der Verstorbene eingegraben wurde. Die unsachgemäße Bergung des wohl noch zusammenhängenden Skelettes durch die Steinbrucharbeiter führte jedoch dazu, dass die Bestattung nicht erkannt wurde. Auch auf eventuelle Beigaben für den Toten achtete man nicht.

Aus Frankreich kennt man Bestattungen von Moustérien-Leuten, die Einblicke in das Totenbrauchtum dieser Menschen erlauben. In der für das Moustérien namengebenden Höhle von Le Moustier im Département Dordogne beispielsweise hat man einen schätzungsweise 16 Jahre alten Jugendlichen liebevoll zur letzten Ruhe gebettet. Sein Kopf lag auf einem künstlichen Pflaster aus Feuerstein. Außerdem gab man ihm zwei Steingeräte und Fleischstücke von einem Wildrind als Wegzehrung für das Jenseits mit. Für ein Neugeborenes wurde in der Höhle eigens eine Grube angelegt.

In der Höhle La Bouffia Bonneval von La Chapelle-aux-Saints im Département Corrèze bestattete man einen erwachsenen Mann in einer künstlich geschaffenen Grube. Sein Kopf wurde mit einer großen Knochenplatte bedeckt, um ihn zu schützen. Für das Leben nach dem Tod stattete man ihn mit Steingeräten, Fleisch- und Ockerstücken aus.

In der Höhle von La Ferrassie bei Le Bugue in der Dordogne sind sogar sechs Menschen (zwei Erwachsene und vier Kinder) zu Grabe getragen worden. Sie ruhten – mit einer Ausnahme – in seichten, bis zu 40 Zentimeter tiefen ovalen Mulden, die teilweise künstlich gegraben wurden. Drei der Kinder waren mit besonders sorgfältig hergestellten Steingeräten ausgerüstet. Speisebeigaben oder Tiertrophäen fand man auch zusammen

mit Moustérien-Bestattungen in der Skhul-Höhle im Karmel-
gebirge (Israel), in der Höhle im Berg Qafzeh bei Nazareth
(Israel) und in der Höhle Tesik Tas (Usbekistan), etwa 150
Kilometer südlich von Samarkand. In einem Grab der Skhul-
Höhle barg man den Kiefer eines Wildschweins. Ein etwa
zehnjähriges Kind vom Fundort Qafzeh (Abgrund) hatte ein
Damhirschgeweih auf den Händen. Um das Skelett eines etwa
neunjährigen Jungen aus der Höhle Tesik Tas im Tal des Turgan-
Darja lagen Steinbockhörner.

All diese Bestattungen zeugen von der großen Achtung und
Zuneigung, die man offenbar vielen Verstorbenen entgegen-
brachte. In Kontrast dazu stehen Kopfbestattungen, Schädelbecher und Anzeichen für Kannibalismus aus derselben
Zeit.

Der durch Funde aus Frankreich (Abri Suard in La Chaise-de-
Vouthon) überlieferte Schädelkult der Moustérien-Leute
konnte in Österreich bisher archäologisch nicht nachgewiesen
werden. In der Halbhöhle von La Chaise-de-Vouthon im französischen Département Charente herrschten auffälligerweise Schädel und Unterkiefer vor, während Reste vom übrigen Skelett
fehlten. Dagegen fand man in der Grotte René Simard in der
Charente Skelettreste eines etwa zwölfjährigen Kindes und von
zwei Kleinkindern, deren Schädel und Unterkiefer fehlten. Die
menschlichen Knochen lagen zwischen den Tierknochen der
Jagdbeutereste und waren ebenso wie diese aufgeschlagen
worden, um in den Genuss des Marks zu kommen. Diese
Befunde deuten darauf hin, dass man Kopf und Unterkiefer
anders als die übrigen Skelettreste behandelt hat.

Als einer der wichtigsten Belege für Schädelkult und Kannibalismus galt früher der 1939 in der Grotta Guattari im Monte
Circeo, etwa 100 Kilometer südöstlich von Rom, entdeckte

Schädel eines ungefähr 40 Jahre alten Neanderthalers. Doch
spätere Untersuchungen, deren Ergebnisse 1990 publiziert wurden, zeigten, dass die Spuren, die man ursprünglich als Anhaltspunkte für einen rituellen Kannibalismus deutete, von Hyänen
stammen. Ein an anderer Stelle der Höhle geborgener Unterkiefer gehört nicht zu dem Schädel, dessen Unterkiefer fehlte.
Auf makabre kultische Praktiken deuten die Knochenfragmente
– vorwiegend Schädelteile – von mindestens vier Männern und
Frauen sowie drei Jugendlichen aus der Vindija-Höhle beim
Dorf Voca Donja nordöstlich von Zagreb in Kroatien hin.
Die an diesen Funden sichtbaren Schnittspuren und anderen
Defekte sind vielleicht Zeugnisse von Leichenzerstückelung
und Schädelkult. Nach Analogien bei Naturvölkern ist
anzunehmen, dass das Gehirn nicht nur als Nahrung verzehrt
wurde, sondern man sich mit ihm auch die geistigen oder
magischen Kräfte des Toten einverleiben wollte.
Gewisse Abnutzungsspuren am Schädeldach des Neanderthalers aus dem Neandertal deuten darauf hin, dass dieses
bewusst als Trinkschale zugerichtet wurde. Dafür spricht, dass
die Bruchränder des Schädeldachs fast parallel verlaufen, wenn
man es auf eine ebene Unterlage stellt. Zudem wurden die
weggebrochenen Teile nicht – wie unter natürlichen Bedin-
gungen durch die Last darüber liegender Erdschichten – von
außen nach innen gedrückt, sondern von innen nach außen.
Der mutmaßliche Schädelbecher aus dem Neandertal ist keine
Einzelerscheinung. Menschliche Schädel wurden zu verschiedenen Zeiten als Trinkgefäße umgestaltet. Vielleicht
erhoffte man sich durch den Trunk aus einem Schädelbecher
die Kraft des Feindes (oder bei Kindern deren Jugendlichkeit)
in sich aufnehmen zu können.
Nach prähistorischen Funden zu schließen, wurde Kanni-

Figur eines Neanderthalers auf dem Weg
zum „Neanderthaler-Museum" in Krapina (Kroatien).
Foto: Divna Jaksic (via Wimedia Commons),
Lizenz: gemeinfrei (Public domain)

balismus im Moustérien in ganz Europa praktiziert. Allein in der Halbhöhle im Husnjak-Hügel bei Krapina, 45 Kilometer nördlich der kroatischen Stadt Zagreb, sollen 23 Neanderthaler, deren Reste man von 1899 bis 1905 entdeckte, diesem Brauch zum Opfer gefallen sein. Die Knochen wiesen angeblich Schnitt-, Schlag- und Brandspuren auf. Es hieß, sie seien zur Gewinnung des Markes aufgeschlagen und vom Feuer angesengt worden. Schon der erste Ausgräber Dragutin Gorjanovic-Kramberger (1856–1936) glaubte, es handle sich um einen Begräbnisplatz, an dem ritueller Kannibalismus erfolgte. Zeitweise vermuteten manche Prähistoriker, die Neanderthaler von Krapina seien von höher entwickelten Zeitgenossen angegriffen und getötet worden. Deshalb sprachen sie von der „Schlacht von Krapina". Andere Experten deuteten die Höhle von Krapina als Kultstätte, die in großen zeitlichen Abständen wiederholt aufgesucht wurde. Auch vom Einsturz der Höhlendecke, einer besonderen Bestattungsform, bei der man Skelette zerlegte und die Teile verstreute, Bissspuren von Raubtieren, Aktivitäten von Arbeitern, Höhlenbesuchern oder Archäologen war die Rede. Die vermeintlichen Schnittspuren an den Schädeln könnten teilweise auch als Kratzer erst nach der Konservierung entstanden sein. Auffälligerweise ging die Zahl der vermeintlichen Schnittspuren mit jeder Untersuchung zurück.

Von Kannibalenmahlzeiten könnten auch die zerbrochenen Skelettreste von bis zu 36 Neanderthalern in einer Höhle des Hortus-Massivs im südfranzösischen Département Hérault stammen. Sie befanden sich inmitten von fragmentierten Tierknochen, die man als Mahlzeitreste deutet.

Auch Schädeldachfragmente aus der Wildscheuerhöhle in Hessen und ein Oberschenkelrest aus der Höhle Hohlenstein-

Angebliche Zeugen für einen Kult um den Höhlenbären:
1921 in einer Steinkiste gefundener Schädel eines Höhlenbären
aus dem Drachenloch bei Vättis im Kanton St. Gallen.
Der Schädel liegt auf zwei Schienbeinen.
Zwischen Schläfenbein und Jochbogen
ist ein Oberschenkelknochen verkeilt.
Foto: Naturmuseum St. Gallen

Stadel in Baden-Württemberg werden von manchen Prähistorikern als Hinweise auf Kannibalismus betrachtet. Sie lagen regellos zwischen den als Mahlzeitresten gedeuteten Tierknochen. Deshalb betrachtet man auch die menschlichen Knochen als Speiseabfälle. Umstritten ist der mysteriöse Bärenkult, den die Moustérien-Jäger ausgeübt haben sollen. Die Annahme, dass ein solcher Kult existiert hat, beruht auf angeblich auffällig deponierten Schädeln und Knochen von Höhlenbären in manchen Höhlen. Ungewöhnlich deponierte Reste von Höhlenbären, die er mit kultischen Riten in Verbindung brachte, entdeckte der Wiener Paläontologe Kurt Ehrenberg bei seinen Ausgrabungen in der Salzofenhöhle im Toten Gebirge bei Grundlsee. Seine Schlussfolgerungen sind nicht allgemein anerkannt. Bärenkulte wurden noch in historischer Zeit bei nordasiatischen und nordamerikanischen Naturvölkern praktiziert. Sinn dieser Zeremonien war es, die getöteten Bären „wieder zum Leben zu erwecken" und sich auf diese Weise mit ihnen zu versöhnen.

In Deutschland wird vor allem die mittelfränkische Petershöhle bei Velden (Kreis Nürnberger Land) in Bayern als Schauplatz des Bärenkults diskutiert. Dort entdeckte der Heimatforscher Konrad Hörmann (1859–1933) aus Nürnberg bei Ausgrabungen zwischen 1914 und 1928 Brandstellen mit verkohlten Höhlenbärenknochen sowie angeblich Höhlenbärenschädel in ungewöhnlicher Lagerung. Nach Ansicht Hörmanns wurden die Höhlenbärenschädel absichtlich in seitliche Wandnischen an anderen Stellen niedergelegt. Einmal soll ein Schädel zwischen Steinen in Holzkohle eingebettet und mit dieser bedeckt worden sein. Mehrfach waren angeblich ganze Haufen von Höhlenbärenschädeln – bis zu zehn Exemplaren – von Steinen umgeben. Hörmann deutete die Petershöhle als

Rekonstruktion eines frühen Homo sapiens aus der Höhle Pestera cu Oase in Rumänien im „Neanderthal-Museum", Mettmann.
Foto: Daniela Hitzemann / CC-BY-SA4.0
(via Wikimedia Commons),
lizensiert unter Creative-Commons-Lizenz by-sa-4.0-en,
https://creativecommons.org/licenses/by-sa/4.0/legalcode

Heiligtum für eine Gruppe oder mehrere Gruppen von Jägern.
Die Funde aus der Petershöhle haben den Wiener Prähistoriker
Oswald Menghin (1888–1973) bewogen, dafür 1931 den Begriff
„Veldener Kultur" zu prägen. Dieser Name wurde von anderen
Prähistorikern jedoch nicht akzeptiert, von denen viele auch
an der Existenz eines Bärenkultes Zweifel hegten.

Über das Verschwinden der Neanderthaler *(Homo neanderthalensis)* ist viel diskutiert worden. Anhänger der Phasen- oder
Stufen-Hypothese glaubten, aus Neanderthalern in Europa seien
anatomisch moderne Menschen *(Homo sapiens)* entstanden. Dies
sei durch einen allmählichen Wandel bestimmter anatomischer
Merkmale geschehen. Beispielsweise habe die Größe der
Frontzähne immer mehr abgenommen und das Kinn sei immer
ausgeprägter geworden. Andere Experten spekulierten über die
Ausrottung der Neanderthaler durch fortschrittlichere Jetztmenschen oder über den Sex bzw. die Vermischung zwischen
Homo sapiens und *Homo neanderthalensis.* Auf letzteres weisen
prähistorische Schädelfunde mit Merkmalen beider Arten von
etlichen Fundstellen hin. Mutmaßliche Mischlinge kennt man
beispielsweise aus Israel (Skhul- und Tabun-Höhle im Karmel-
gebirge, Höhle im Berg Qafzeh bei Nazareth), Rumänien
(Pestera cu Oase, Pestera Muierii) und Italien (Monte Lessini).
Heutige Europäer tragen rund zwei bis vier Prozent Gene von
Neanderthalern in sich.

Ungarischer Geologe Ottokár Kadic (1876–1957)
mit seiner zweiten Ehefrau vor einer Höhle in Ungarn.
Foto: Imre Gábor Bekey (1872–1936)

Steinwerkzeuge in Blattform

Das Szeletien

Fundplätze aus dem im östlichen Mitteleuropa verbreiteten Szeletien (vor etwa 45.000 bis 37.000 Jahren), das vermutlich mit den Blattspitzen-Gruppen identisch ist oder zu ihnen gehört, sind in Österreich rar. Der Begriff Szeletien wurde schon vor 1927 von dem tschechischen Prähistoriker Josef Skutil (1904–1965) in seiner Dissertation verwendet. Er bezieht sich auf die Szeleta-Höhle im Bükk-Gebirge nahe des ungarischen Ortes Hámor. In dieser Höhle hat auf Betreiben des Naturforschers Ottó Herman (1835–1914) der Geologe Ottokár Kadic (1876–1957) von 1906 bis 1913 Ausgrabungen vorgenommen.

In die Literatur eingeführt wurde der Ausdruck Szeletien 1927 von dem tschechischen Prähistoriker Inocenc Ladislav Cervinka (1869–1952) aus Brünn. 1930 schlug der deutsche Prähistoriker Julius Andree (1889–1942) aus Münster erneut diesen Begriff vor, der sich aber immer noch nicht durchsetzte. 1953 übernahm der Prager Prähistoriker Frantisek Prosek (1912–1958) in einer Studie den Namen Szeletien, der von da ab in der europäischen Fachliteratur verbreitet wurde.

Den Ausdruck Blattspitzen-Gruppen haben 1929 der damals in Madrid tätige deutsche Prähistoriker Hugo Obermaier (1877–1946) und der Straßburger Geologe Paul Wernert (1899–1972) geprägt. Der Ausdruck nimmt Bezug auf die für diese Kulturstufe typischen Steinwerkzeuge, die Lorbeer-, Weiden-

Blattspitzen von verschiedenen Fundstellen in Süddeutschland.
Foto: H. Hell, Tübingen. In: MÜLLER-BECK, Hansjürgen:
Paläolithische Kulturen und Pleistozäne Stratigraphe
in Süddeutschland. E&G – Quaternary Science Journals, 1957

Pappelblättern ähneln. Laut dem Buch „Deutschland in der Steinzeit" (1991) von Ernst Probst behaupteten sich die Blattspitzen-Gruppen vor etwa 50.000 bis 35.000 Jahren. Blattspitzen gab es auch in den jüngeren Kulturstufen Gravettien und Solutréen der Altsteinzeit. Zu den Blattspitzen-Gruppen gehören die Altmühl-Gruppe und das Szeletien. Die Altmühl-Gruppe war vor allem in Bayern, aber auch in Nordrhein-Westfalen und Thüringen verbreitet. Diese Bezeichnung hat 1954 der holländische Prähistoriker Assien Bohmers (1912–1988) aus Groningen vorgeschlagen. Er fand 1937/1938 in den Weinberghöhlen bei Mauern (Kreis Neuburg-Schrobenhausen) unweit des Altmühltales in Bayern über einer Schicht aus dem Moustérien eine jüngere Schicht mit Blattspitzen und einflächig bearbeiteten Steinwerkzeugen aus der Mittleren Altsteinzeit wie Schaber und Spitzschaber. Diese und andere Funde aus Höhlen des Altmühltales ermutigten ihn, hierfür den Namen Altmühl-Gruppe vorzuschlagen. Bohmers ist umstritten, weil er in Diensten der Himmlerschen Organisation „Forschungsgemeinschaft Deutsches Ahnenerbe" stand.

Der Name Blattspitze wird seit etwa 1900 für aus Feuerstein geschaffene symmetrische Spitzen verwendet. Im Gegensatz zu Faustkeilen bzw. Faustkeilblättern haben Blattspitzen einen schlankeren Längs- und Querschnitt. Laut Online-Lexikon „Wikipedia" dienten die älteren Formen der Blattspitzen vermutlich als Spitzen von Stoßlanzen und Wurfspeeren. Auch eine Verwendung als Dolchklingen wird erwogen.

Zum Verbreitungsgebiet des Szeletien gehörten Ungarn, Mähren, Polen, Oberschlesien und Niederösterreich. Radiometrischen Datierungen zufolgte dauerte das Szeletien vor etwa 45.000 bis 37.000 Jahren. Offenbar überschnitt es sich zeitweise mit der nachfolgenden Kulturstufe Aurignacien. Als Leit-

formen des Szeletien gelten Blattspitzen, Faustkeilblätter und Keilmesser.
Aus der Zeit der Blattspitzen-Gruppen bzw. des Szeletien kennt man bisher aus Deutschland und Österreich keinen einzigen Skelettrest von Menschen. „Man weiß nicht einmal, ob es sich dabei um späte Neanderthaler oder schon um frühe Jetztmenschen handelt, wie der Tübinger Prähistoriker Gerd Albrecht vermutet", hieß es im Buch „Deutschland in der Steinzeit".

Manche Funde aus der Zeit der Blattspitzen-Gruppen erwecken den Anschein, als hätten sich die Jäger dieser Kulturstufe in einigen Gebieten regelrecht auf die Höhlenbärenjagd spezialisiert. Dabei mussten sie versuchen, dem gestellten Höhlenbären mit ihren hölzernen Stoßlanzen oder Wurfspeeren in relativ kurzer Zeit eine tödliche Verletzung beizubringen, wenn sie nicht Gefahr laufen wollten, von dem verletzten oder gereizten Tier getötet zu werden. Es liegt in der Natur der Sache, dass sich an der Jagd auf große Tiere alle Männer einer Gruppe berteiligten. Das gilt sicher auch für die Jagd auf Mammute, die besonders viel Fleisch boten und deren Knochen und Stoßzähne begehrte Rohstoffe waren.

Über die Bestattungssitten und die Religion der Menschen, welche die Blattspitzen herstellten, sind keine konkreten Aussagen möglich, da keine entsprechenden archäologischen Funde vorliegen. Vielleicht haben sie ähnlich wie späte Neanderthaler ihre Toten sorgfältig bestattet und magisch motivierten Kannibalusmus praktiziert.

Funde aus dem Szeletien sind bisher in Österreich selten. Drei eindeutige und zwei mutmaßliche Blattspitzen aus dem Szeletien entdeckte man beispielsweise am Fundplatz Großweikersdorf-Kogel im Bezirk Tulln in Niederösterreich. Dort hat der Sammler Paul Schröttner aus Wien zwischen 2000 und 2011 auf einer Anhöhe zahlreiche Begehungen durchgeführt und dabei fast ausschließlich altsteinzeitliche Steingeräte geborgen. 2011 meldete er zuständigen Behörden seine Funde. Weitere Fundorte von Blattspitzen in Niederösterreich sind Baierdorf, Kammern-Grubgraben, Langmannersdorf, Schletz, Ruppertsthal und Stillfried an der March.

1852 entdeckte Höhle von Aurignac
im französischen Département Haute Garonne.
Nach ihr ist die Kulturstufe Aurignacien benannt.
Foto: MathieuMD / Wikimedia Commons / CC-BY-SA4.0,
lizensiert unter Creative-Commons-Lizenz by-sa-4.0-de,
https://creativecommons.org/licenses/by-sa/4.0/legalcode

Mit Lanzen auf Mammutjagd

Das Aurignacien

Im Aurignacien vor etwa 35.000 bis 29.000 Jahren lösten auch im Gebiet des heutigen Österreich die ersten anatomisch modernen Jetztmenschen *(Homo sapiens)* auf bisher unbekannte Weise die letzten Neanderthaler *(Homo neanderthalensis)* ab. Nach den Funden zu schließen, lebten Menschen des Aurignacien in Niederösterreich, in der Steiermark und in Tirol.

Wenn man dem Online-Lexikon „Wikipedia" glaubt, hat das Aurignacien bereits vor etwa 40.000 Jahren begonnen und bis vor rund 31.000 Jahren gedauert. Ein internationales Forscherteam, datierte 2014 Neufunde von Steinwerkzeugen aus Willendorf in Niederösterreich, die sie dem Aurignacien zuordneten, auf etwa 43.000 Jahre. Es hieß, anatomisch moderne Menschen hätten Zentraleuropa früher besiedelt, als man bisher annahm, und diese Region länger, als man vorher glaubte, mit Neanderthalern geteilt.

Der Begriff Aurignacien wurde 1869 durch den französischen Prähistoriker Gabriel de Mortillet (1821–1898) eingeführt. Namengebender Fundort ist die Halbhöhle (Abri) von Aurignac im Département Haute Garonne. Die Höhle von Aurignac wurde 1852 entdeckt, als ein Mann auf ein Kaninchenloch stieß und diese Stelle aufgrub, um Kaninchen zu fangen. Dabei fand er menschliche Knochen, grub weiter und gelangte in eine Höhle, in der mindestens 17 menschliche Skelette lagen. Der Entdecker informierte den Bürgermeister

Französischer Prähistoriker Edouard Lartet (1801–1871).
Foto: Museum of Toulouse / CC-BY-SA3.0
(via Wikimedia Commons),
lizensiert unter Creative-Commons-Lizenz by-sa-3.0-en,
http://creativecommons.org/licenses/by-sa/3.0/legalcode

von Aurignac, der anordnete, die Skelette auf dem Friedhof zu begraben. Als der Rechtsanwalt und Prähistoriker Edouard Lartet (1801–1871) aus Paris 1860 nach diesen Funden fragte, wusste niemand mehr, wo sie begraben worden waren. Lartet grub 1860 in der Höhle von Aurignac und barg Steinwerkzeuge und Speerspitzen einer Stufe, die später den Namen Aurignacien erhielt. Das Aurignacien gilt als älteste Kulturstufe des Jungpaläolithikums (etwa 35.000 bis 10.000 Jahre). Ihm gingen die Kulturstufen Moustérien (etwa 125.000 bis 40.000 Jahre) und Blattspitzen-Gruppen (etwa 50.000 bis 35.000 Jahre), auch Szeletien genannt, voraus. An das Aurignacien schloss sich das Gravettien (etwa 28.000 bis 21.000 Jahre) an. Über die Dauer dieser Kulturstufen kursieren unterschiedliche Angaben.

In Österreich fiel das Aurignacien weitgehend in eine Warmphase, die Stillfried-B-Interstadial genannt wird und dem Denekamp-Interstadial entspricht. Damals konnten sich am Alpenrand vorübergehend wieder Fichtenwälder behaupten. Während dieser Warmphase existierten in Österreich unter anderem Höhlenbären, Höhlenlöwen, Höhlenhyänen, Wölfe, Rotfüchse, Auerochsen, Wildpferde, Steinböcke, Gämsen und Rothirsche. In der vorausgehenden und nachfolgenden Kaltphase traten Mammute, Fellnashörner, Rentiere, Eisfüchse und Schneehasen auf.

Der österreichische Quartärgeologe, -morphologe und Bodenkundler Julius Fink (1918–1981) aus Wien hat die Schichtenabfolge von Stillfried an der March in Niederösterreich untersucht. Durch seine Arbeiten wurde diese Schichtenabfolge zu einem Standard-Lössprofil in Österreich und darüber hinaus. Fink bezeichnete drei zuunterst liegende Humuszonen zwischen Löss als Stillfried-A. Sie sind während frühwürmzeitlicher Klimaschwankungen entstanden. Darüber folgt eine

Aurignacien-Mensch in Süddeutschland
beim Schnitzen einer Figur aus Mammutelfenbein.
Zeichnung: Fritz Wendler (1941–1995)
für das Buch „Deutschland in der Steinzeit" (1991)
von Ernst Probst

schwache fossile Bodenbildung aus einer Wärmeschwankung, die von Fink Stillfried-B genannt wurde. In der Tischoferhöhle im Kaisertal bei Kufstein in Tirol entdeckte man in einer Lehmschicht aus dem Aurignacien die Knochen von etwa 400 Höhlenbären. Deutlich spärlicher waren Reste von Höhlenlöwe, Höhlenhyäne, Wolf, Fuchs, Steinbock, Gämse und Murmeltier. Aus der Repolusthöhle in der Steiermark kennt man Skelettreste von Höhlenbär, Braunbär, Wolf, Fuchs, Wisent, Steinbock, Rothirsch, Wildschwein, Murmeltier, Dachs, Marder und Hamster. Auf dem Freilandfundplatz Horn in Niederösterreich barg man Knochen von Fellnashorn, Wildpferd und Rentier.

Aus Österreich liegen bisher keine menschlichen Skelettreste des *Homo sapiens* aus dem Aurignacien vor. Solche sind aber in den Nachbarländern Deutschland und Tschechien gefunden worden. Seltsamerweise kennt man aus dem nachfolgenden Gravettien etliche menschliche Skelettreste aus Österreich.

Von Aurignacien-Menschen stammen beispielsweise Zähne aus Brassempouy und Fossilien aus der Höhle von Isturitz im Département Landes, Zähne aus der Höhle Les Rois bei Mouthiers im Département Charente, mindestens ein Zahn aus Le Ferrassie im Département Dordogne (alle vier Frankreich), Schädelreste aus Brühl bei Heidelberg, Knochenfragmente von zwei Menschen aus der Honerthöhle bei Binolen (beide Deutschland) sowie Schädel aus der Bocek-Höhle bei Mladec, früher Lautsch genannt (Tschechien). Andere Funde, die man früher dem Aurignacien zuordnete, wurden falsch datiert oder sind heute noch fraglich.

Anfang des 21. Jahrhunderts wurde zeitweise die Existenz des Aurignacien als eine Kulturstufe, in der anatomisch moderne Menschen *(Homo sapiens)* lebten, bezweifelt. Dies hatte mehrere Ursachen. 2002 erfolgte eine Altersdatierung von Begleitfunden

Große Badlhöhle bei Peggau in der Steiermark.
Foto: Thiilo Parg / CC-BY-SA3.0 (via Wikimedia Commons),
lizensiert unter Creative-Commons-Lizenz by-sa-3.0,
https://creativecommons.org/licenses/by-sa/3.0/legalcode

des Cro-Magnon-Menschen, der als Synonym für den eiszeitlichen *Homo sapiens* gilt und früher ins Aurignacien gestellt wurde, in das Gravettien. 2004 datierte man die bis dahin dem Aurignacien zugerechneten Menschenschädel aus der Vogelherdhöhle in Süddeutschland in die Jungsteinzeit. 2006 korrigierten drei deutsche Prähistoriker (Martin Street, Thomas Terberger, Jörg Orschiedt) zu hohe Altersdatierungen einiger deutscher Fossilfunde. Demnach gehörten manche dieser Fossilien nicht mehr ins Aurignacien und Gravettien. Zeitweise hieß es, im Aurignacien hätten statt anatomisch moderner Menschen nur die Neanderthaler existiert. Erstaunt las man 2004 in der „Süddeutschen Zeitung" (München): „Waren die ersten Künstler Neandertaler?" Doch die Zweifel verstummten bald wieder.

Die Jäger und Sammler des Aurignacien wohnten in Höhlen und im Freiland. Manche der Höhlen war schon von Neanderhalern bewohnt worden. Nach der Ausdehnung der Siedlungsspuren zu schließen, lebten die Menschen des Aurignacien in Familien oder Sippen mit geringer Kopfzahl. Die Höhlen- und Freilandsiedlungen lagen meist in Fluss- oder Bachtälern oder in der Nähe einer Quelle.

Höhlen mit Spuren der Anwesenheit von Aurignacien-Leuten kennt man aus Tirol (Tischoferhöhle) und aus der Steiermark (Große Badlhöhle, Repolusthöhle, Lieglloch).

Die Tischoferhöhle im Kaisertal bei Kufstein ist am Eingang etwa 20 Meter breit und 9 Meter hoch. Sie führt ungefähr 20 Meter weit in den Berg. Die Große Badlhöhle bei Peggau liegt 495 Meter hoch im höhlenreichen Badlgraben. Man unterscheidet darin die „Löwenhalle", „Bärenhalle" und „Steinzeithalle". Ebenfalls im Badlgraben befindet sich in 525 Meter Höhe die Repolusthöhle bei Peggau. Sie liegt an einem sonnigen Südhang und weist verhältnismäßig trockene Böden und Wände

Willendorf un der Donau in der Wachau (Niederösterreich).
Foto: Christian Janska (User Tschaensky) / CC-BY-SA2.5
(via Wikimedia Commons),
lizensiert unter Creative-Commons-Lizenz by-sa-2.5-en,
https://creativecommons.org/licenses/by-sa/2.5/legalcode

auf, in der Nähe befindet sich eine Quelle. In noch größerer Höhe ist die Höhle Lieglloch (auch Bergerwandhöhle) am Fuße der Bergerwand im Toten Gebirge bei Tauplitz anzutreffen. Sie liegt 1.290 Meter über dem Meer. Das Lieglloch diente vermutlich Höhlenbärenjägern als Lager.

Die ersten Grabungen in der Höhle Lieglloch wurden 1926 auf Anregung des Oberlehrers Franz Angerer (1896–1949) aus Tauplitz durchgeführt. 1930 setzten dessen Schüler Franz Pichler (1920–1988) und Heinrich Pichler (1923–1943) die Grabungen fort. 1946 wurde die Höhle durch den Leiter der „Steirischen Phosphat-Suchaktion", Alexander von Schouppé (1915–2004) aus Graz, erforscht. Dabei fand der Ingenieur Viktor Maurin aus Graz einen Lagerplatz. 1947 ließ das Bundesdenkmalamt die Höhle untersuchen. Im August 1947 grub die Grazer Paläontologin und Geologin Maria Mottl (1906–1980) in der Höhle Lieglloch und entdeckte dabei einen Lagerplatz.

Siedlungen im Freiland gab es vor allem in Niederösterreich. Dazu gehören die fundreichen Stationen Willendorf, Gösing, Krems-Hundssteig, Langmannersdorf, Senftenberg, aber auch die weniger ergiebigen Lagerplätze Getzersdorf, Groß-weikersdorf, Horn und Stratzing-Galgenberg. Auf einige dieser Fundorte wurde man bereits im 19. Jahrhundert aufmerksam. Im Freiland haben die Menschen des Aurignacien vermutlich Zelte oder Hütten errichtet.

Im Gebiet von Willendorf am nördlichen Donauufer in der Wachau rechnet man von den insgesamt sieben Freiland-stationen nur die Fundstelle II dem Aurignacien zu. Von den neun Fundschichten in Willendorf II (Ziegelei Ebner) werden die zweite, dritte und vierte Schicht dem Aurignacien zugeordnet. Bei den Funden aus dem Aurignacien handelt es sich hauptsächlich um Steinwerkzeuge. Die Willendorfer

Wiener Prähistoriker Josef Szombathy (1853–1943).
Foto: (via Wikimedia Commons),
Lizenz: gemeinfrei (Public domain)

Stationen liegen auf einem Lössrücken zwischen dem
Donauufer und den Ausläufern des Nussberges und boten den
Jägern einen guten Ausblick ins Donautal. Beim Abbau des
Löss wurden bereits Mitte des 19. Jahrhunderts einzelne Funde
geborgen. Die erste planmäßige Ausgrabung nahm 1883 der
Wiener Prähistoriker Josef Szombathy (1853–1943) vor.
Szombathy hat 1882 die urgeschichtliche Abteilung des
„Naturhistorischen Museums Wien" gegründet und 40 Jahre
lang betreut. Er bereicherte die Sammlungen dieser Abteilung
durch zahlreiche auf dem Gebiet der damaligen österreichi-
schen Monarchie durchgeführte Grabungen.
Weitere Ausgrabungen in Willendorf folgten von 1907 bis 1909
im Zusammenhang mit dem Bau der Wachaubahn und später.
Die Fundstelle Willendorf II wurde 1889 durch den Ingenieur
und Heimatforscher Ferdinand Brun (1850–1903) aus Kottes
entdeckt, der 1883 bereits Willendorf I aufgespürt hatte.
Seit langem sind auch Siedlungsreste aus der Gegend von
Gösing bei Kirchberg am Wagram in Niederösterreich bekannt.
Der Wiener Fabrikant und Heimatforscher Matthäus Much
(1832–1909) berichtete bereits 1871 von durch Menschenhand
gespaltenen Mammutknochen und Holzkohlenstücken aus der
Feuerstelle, die in einem Keller von Gösing zum Vorschein
gekommen war. 1877 entdeckte er nördlich von Gösing im
Ort Ronthal eine Station aus dem Aurignacien. 1882 infor-
mierte er über Funde bei dem nördlich von Gösing gelegenen
Ort Stettenhof sowie über schon 1862 geborgene Funde. 1925
glückten im Raum Gösing weitere Entdeckungen. Letztere
Funde kamen bei einer Exkursion des Wiener Prähistorikers
Josef Bayer (1882–1931) zum Vorschein, die von Mai bis
November währte. Bayer wurde dabei von der Sekretärin
Karoline (genannt Lotte) Adametz (1879–1966) von der

Wiener Fabrikant und Heimatforscher
Matthäus Much (1832–1909).
Bild: Thomas Ledl / CC-BY-SA4.0 (via Wikimedia Commons),
lizensiert unter Creative-Commons-Lizenz by-sa-4.0-en,
https://creativecommons.org/licenses/by-sa/4.0/legalcode

„Geologisch-Paläontologischen Sammlung" des „Natur-historischen Museums Wien" sowie von dem Weinbauern und Heimatforscher Karl Wallner (1878–1966) aus Wagram begleitet. Bayer war Direktor der Anthropologischen und Prähistorischen Abteilung des „Naturhistorischen Museums Wien". Zu den berühmtesten Fundstellen aus dem Aurignacien in Österreich zählt ein Lößrücken namens „Hundssteig" im Stadtgebiet von Krems an der Donau. Dort wurden schon 1645 von schwedischen Soldaten unter General Lennart Torstenson (1603–1651) beim Ausheben von Schanzwerken Mammutkno-chen und ein Zahn entdeckt, die man damals phantasievoll dem „Riesen von Krems" zuschrieb. Der „Kremser Riesen-zahn" wurde 1647 von dem Frankfurter Künstler Matthäus Merian der Ältere (1593–1650) im fünften Band seines Werkes „Theatrum Europaeum" abgebildet. Damals ahnte niemand, dass einst in Mitteleuropa Elefanten gelebt hatten.

Die ersten Siedlungsreste am Hundssteig wurden 1893 gefun-den, als man eine Lösskuppe nordwestlich des Wächtertores abbaute, um Erdmaterial zum Aufschütten eines Hoch-wasserschutzdammes an der Donau bei Krems zu gewinnen. Dabei stieß man in etwa acht Meter Tiefe auf Asche, Holzkohle, Tierknochen und Steinwerkzeuge. Die Steine waren teilweise dem Feuer ausgesetzt gewesen und dadurch in der Farbe verändert. Der Obmann des Städtischen Museumsausschusses, Propst Anton Kerschbaumer (1823–1909), und Professor Johann Strobl (1844–1910) aus Krems vermuteten, dass man hier ähnliche urgeschichtliche Funde entdeckt hatte, wie man sie aus Willendorf kannte. Weitere Funde glückten beim Abbau von Löss in den Jahren 1899, 1900, 1902/1903 und 1904. Meist waren es Steinwerkzeuge, aber auch schwarzgebrannte Kno-chensplitter, Rötelknollen und Schmuckschnecken.

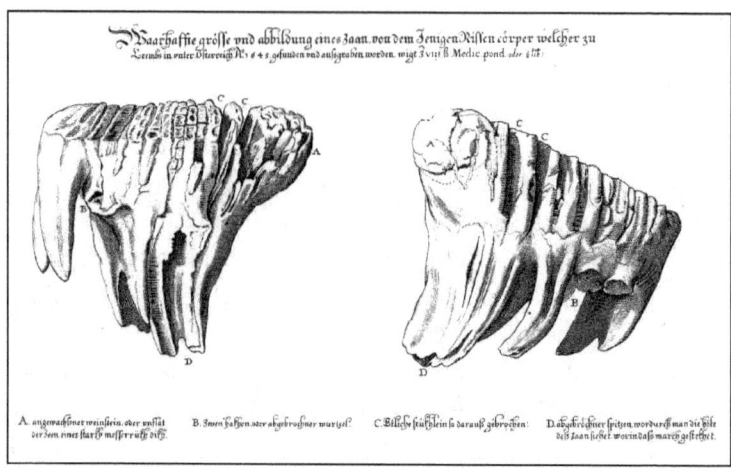

1645 in Krems entdeckter Mammutzahn, der irrtümlich als Zahn
eines Riesen betrachtet wurde.
Der Frankfurter Künstler Matthäus Merian der Ältere (1593–1650)
bildete den vermeintlichen „Kremser Riesenzahn"
im fünften Band seines Werkes „Theatrum Europaeum" ab

Matthäus Merian der Ältere
(1593–1650).
Zeichnung: Porträt
eines unbekannten Künstlers.
(via Wikimedia Commons),
Lizenz: gemeinfrei
(Public domain)

Seit langem kennt man die Freilandstation Senftenberg im Tal der Krems. Dort wurden in der Ziegelei Gneisl Steinwerkzeuge und eine Feuerstelle im Lehm entdeckt. Die ersten Funde von Senftenberg wurden von 1912 bis 1930 beim Abbau von Löss durch einen Ziegeleibetrieb geborgen. 1949 nahmen der Wiener Prähistoriker Franz Hampl (1915–1980) und der Wiener Prähistoriker Karl Kromer (1924–2003) eine Ausgrabung vor, bei der sie zahlreiche Artefakte entdeckten.

Interessante Einblicke in das Leben der Aurignacien-Leute erlauben besonders die beiden Lagerplätze von Mammutjägern in Langmannersdorf an der Perschling. Der erste davon, der Lagerplatz A, wurde entdeckt, als Regenwasser einen Hohlweg auswusch und Mammutknochen freilegte. Ein Heimatforscher bemerkte an diesen Knochen Spuren menschlicher Tätigkeit. Daraufhin unternahmen er und der damals gerade in Wien wirkende deutsche Prähistoriker Hugo Obermaier (1877–1946) im Jahr 1907 eine Versuchsgrabung. Sie fanden eine mit Sandsteinplatten bedeckte Fläche von mehreren Metern Ausdehnung, auf der Knochenreste vom Mammut, Fellnashorn und Rentier sowie Feuersteingeräte lagen. Offenbar war dies einst ein Tranchierplatz gewesen, auf dem die Menschen des Aurignacien ihre Jagdbeute zerlegten und verzehrten. Vermutlich hielt sich hier eine Gruppe von vielleicht acht bis zehn Personen auf. Etwa zwei Meter davon entfernt befand sich einst eine kreisrunde Feuerstelle. Sie enthielt eine dicke Schicht von Brandresten, vor allem kleine verkohlte Knochenstücke, die man als Heizmaterial ins Feuer geworfen hatte.

Im Frühjahr 1919 fand der Wiener Prähistoriker Josef Bayer in Langmannersdorf den Lagerplatz B, der etwa 60 Meter südlich von Lagerplatz A lag. Während der Ausgrabung vom Spätsommer 1919 an stellte Bayer eine große Feuerstelle fest, um die sich Mahlzeit-, Steinschläger- und Knochenabfallplätze gruppierten. Die wichtigste Entdeckung aber war eine Wohngrube mit fast rundem Grundriss von 2,50 Meter Durchmesser, die 1,70 Meter tief in den Boden reichte. Diese Grube soll nach Ansicht von Bayer mit einem Dach aus Reisig und Tierfellen bedeckt gewesen sein. Windschirme an der Nord- und Westseite schützten vermutlich vor Kälte und Wind, der häufig feinen Löß herbeiwehte. Zwei durch Löss getrennte Kulturschichten in der Wohngrube deuten auf einen zwei- maligen Aufenthalt von Aurignacien-Leuten hin. Beim Ausgraben der Wohngrube hatte man einen länglichen Lössblock stehen gelassen, der beim ersten Aufenthalt als Sitzbank diente. Im Boden der Wohngrube befand sich eine dicke Schicht aus zahlreichen Tierknochen und Feuersteinen, deren Ausdehnung die Größe und Form der Grube erkennen ließ. Die Wände waren zumeist steil, nur im Süden bildeten sie einen schrägen Zugang. Drei dazugehörige Pfostenlöcher lassen auf eine pultartige Überdachung schließen. Etwa 1.000 Feuersteinabschläge in der Grube zeigen, dass sich dort ein Steinschläger betätigt hat.

Der Lagerplatz A von Langmannersdorf wurde 1905 durch den damals in Klosterneuburg wirkenden Weinbauadjunkt und Heimatforscher Albert Stummer (1882–1972) entdeckt und bekannt gemacht. 1949 untersuchte der Wiener Prähistoriker Wilhelm Angeli (1923–2015) diese Fundstelle.

Von anderen Fundorten in Niederösterreich liegen beschei- denere Siedlungsspuren aus dem Aurignacien vor. In Get- zersdorf unweit von St. Pölten beispielsweise barg man bearbeitete Steine, Knochen und Mammutelfenbein, die auf die Existenz einer Freilandstation hindeuten.

Der Fundplatz Getzersdorf wurde 1909 durch den Wiener Prähistoriker Josef Bayer entdeckt und 1910/1911 von ihm erforscht.

In der Ziegelei Rieger in Großweikersdorf fand man Stein-werkzeuge, Holzkohle, Jagdbeutereste und Schneckengehäuse. Die Fundstelle in Großweikersdorf wurde 1912 beim Löss-abbau entdeckt und durch den Fabrikbesitzer und Prähistoriker Matthäus Much aus Wien untersucht. 1956 stellte der Wiener Prähistoriker Karl Kromer eine Kulturschicht mit zahlreichen Funden fest. 1967 folgte eine Untersuchung und teilweise Ausgrabung durch den Wiener Geologen und Prähistoriker Friedrich Brandtner (1920–2000) und den Wiener Paläonto-logen Adolf Papp (1915–1983).

In Horn-Raabser Straße ist eine Feuerstelle mit Holzkohlere-sten und Feuersteinwerkzeugen entdeckt worden. Bei der Fund-stelle Horn-Raabserstraße handelt es sich um die ehemalige Sandgrube des Architekten und früheren Stadtbaumeisters Kamillo Krejci aus Horn. 1916 entdeckte der Notar Maximilian Bernhauer (1866–1946) aus Horn in dieser Sandgrube erstmals fossile Tierknochen. Nach dem Fund eines Feuersteinabsplisses untersuchte der Postbeamte Josef Höbarth (1891–1952), der Gründer und damalige Leiter des Stadt-museums in Horn, die Fundstelle, wobei er eine Kulturschicht mit Holzkohle und zerschlagenen Tierknochen freilegte. Darauf informierten Bernhauer und Höbarth den Wiener Prähistoriker Josef Bayer, der am Pfingstsonntag 1931 zusammen mit Bernhauer und Höbarth die Fundstelle besichtigte. Ende Mai 1931 nahm Bayer eine Ausgrabung vor, bei der Tierknochen, Absplisse, etwas Holzkohle und ein winziges Stück Graphit geborgen wurden. Da Bayer bald danach am 23. Juli 1931 starb, wurden die Grabungsbefunde nicht publiziert. Erst 1957, als die Sandgrube bereits größtenteils zugeschüttet war, führte der Wiener Geologe und Prähistoriker Friedrich Brandtner eine zweite Ausgrabung durch. Da Brandtner von 1957 bis 1985 in den USA arbeitete und danach in Gars am Kamp in Österreich

Das nach dem Heimatforscher Josef Höbarth (1891–1952)
benannte Höbarth-Museum in Horn bewahrt eine der bedeutendsten
urgeschichtlichen Sammlungen Niederösterreichs auf.
Foto: GuentherZ / CC-BY3.0 (via Wikimedia Commons),
lizensiert unter Creative-Commons-Lizenz by-3.0-de,
https://creativecommons.org/licenses/by/3.0/legalcode

lebte, kam es erneut zu keiner Publikation über die Funde. Eine Darstellung und Auswertung der Grabungsergebnisse anhand des Fundgutes und der zur Verfügung stehenden Unterlagen erfolgte erst 1980 durch den damals in Wien wirkenden Anthropologen Wolfgang Heinrich als Nachtrag zu dessen Doktorarbeit.

Von einem Hohlweg ist die Freilandstation in der Ziegeleigrube östlich des Galgenberges von Stratzing durchschnitten. In der dunklen Fundschicht barg im Frühjahr 1941 der Kaufmann, Amateur-Archäologe und -Paläontologe Emil Weinfurter (1904–1968) aus Wien das Stoßzahnfragment eines Mammuts, Holzkohle, zerbrochene Jagdbeutereste vor allem vom Rentier und viele Werkzeuge aus Hornstein.

Umstritten ist die Zuordnung zahlreicher Fundorte von Steinwerkzeugen aus dem Gebiet von Drosendorf an der Thaya im Waldviertel (Niederösterreich) ins Aurignacien. Der bereits erwähnte Prähistoriker Hugo Obermaier und der Wiener Ingenieur und Heimatforscher Franz Kießling (1859–1940) fassten 1911 diese Fundorte unter dem Begriff „Plateaulehmpaläolithikum" zusammen und rechneten sie dem Aurignacien zu. Dem „Plateaulehmpaläolithikum" gehörten nach ihrer Auffassung die Fundorte Drosendorf an der Thaya, Thürnau, Autendorf, Trabersdorf, Nonndorf (alle links der Thaya gelegen) sowie Zissersdorf (rechts der Thaya) an. Die dem „Plateaulehmpaläolithikum" zugerechneten Fundorte wurden meist von dem Ingenieur und Heimatforscher Kießling entdeckt: Thürnau (Flur Dasing-Feld) 1890, Autendorf (Flur Lüßen) im Sommer 1895, Funde von Klaubsteinhaufen, Trabersdorf (Flur Aufeld), Nonndorf (Flur Schwarzäcker) 1902, Zissersdorf (Flur Käferäcker) 1904.

Große Mengen an Knochenresten vom Mammut in Freilandstationen zeigen, dass dieses Rüsseltier von den Aurigna-

Mammutjagd im Aurignacien in Niederösterreich.
Zeichnung: Fritz Wendler (1941–1995)
für das Buch „Deutschland in der Steinzeit" (1991)
von Ernst Probst

cien-Jägern sehr häufig gejagt wurde. Außerdem haben sie aber auch Wildpferde und Rentiere erlegt. Zu dieser Zeit standen für die Jagd lediglich Stoßlanzen und Wurfspeere zur Verfügung. Jagdbeutereste vom Mammut kennt man aus Großweikersdorf, Krems-Hundssteig, Langmannersdorf und Senftenberg (alle in Niederösterreich). Die Jäger von Krems-Hundssteig erbeuteten neben Mammuten auch Wildpferde und Rentiere. Besonders aussagekräftig sind die in zwei Knochenhaufen von Langmannersdorf an der Perschling (Fundstelle B) entdeckten Jagdbeutereste. In einem dieser in einiger Entfernung von einer großen Feuerstelle liegenden Haufen barg man zwei vollständige Wolfsskelette, einen Wolfsschädel und andere Knochen dieses Raubtieres sowie eine Anzahl von Mammutknochen, die allesamt keine Brandspuren aufwiesen. Der Wolfsschädel trug Spuren von Verletzungen. Im anderen Knochenhaufen fand man den beschädigten Schädel eines jungen Mammuts mit beiden Stoßzähnen. Er lag mit dem Gaumen nach oben. Die Backenzähne waren herausgerissen. Mit einem Quarzgeröll, das sich mitten auf dem Gaumen befand, hatte man offenbar alles Essbare durch Einschlagen der Schädeldecke herausgeholt. Der Unterkiefer fehlte. Weitere Funde waren einige Mammut-knochen und ein mit dem Gaumen nach oben gewandter Wolfsschädel ohne Unterkiefer. In Senftenberg konnten außer Jagdbeuteresten vom Mammut, Wildpferd und Rentier auch solche vom Höhlenlöwen, Auerochsen und Rothirsch nach-gewiesen werden. Zerschlagene Rentierknochen gehören zum Fundgut von Stratzing-Galgenberg.

Die Holzlanzen und -speere wurden im Aurignacien mit aus Tierknochen oder Mammutelfenbein geschnitzten Spitzen bewehrt. Es gab im Aurignacien solche mit gespaltener Basis und andere mit massiver Basis, die Lautscher Spitzen genannt

*Speerspitze (Lautscher Spitze)
aus der Großen Badlhöhle
bei Peggau in Österreich.
Foto: Thilo Parg /
CC-BY-SA3.0
(via Wikimedia Commons),
lizensiert unter*

*Creative-Commons-Lizenz
by-sa-3.0,
https://creativecommons.org/
licenses/by-sa/3.0/legalcode*

werden. Die Knochenspitzen vom Lautscher Typ ohne gespaltene Basis sind zuerst aus den Tropfsteinhöhlen von Mladec (früher Lautsch) bei Litovel (Littau) in Mähren (Tschechien) beschrieben worden. Als die berühmteste dieser Höhlen gilt die Höhle Bockova dira (früher Fürst-Johann-Höhle), in der zahlreiche Entdeckungen gelangen. Eine Lautscher Spitze fand man auch in der Großen Badlhöhle bei Peggau in der Steiermark.

Der Eingang der Höhle Bockova dira von Mladec wurde 1828 durch einen Steinbruchbetrieb entdeckt, der dort Straßenschotter abbaute. 1881 nahm der Wiener Archäologe Josef Szombathy (1855–1943) im Auftrag der „Prähistorischen Kommission der Wiener Akademie der Wissenschaften" und mit Genehmigung des regierenden Fürsten Johann II. von und zu Liechtenstein (1840–1929) Ausgrabungen vor. Dabei fand er 1881 ein menschliches Schädeldach und 1882 weitere Skelettreste. Ab 1902 grub der Besitzer der Höhle, Jan Nevrly, teilweise zusammen mit dem Oberlehrer und Prähistoriker Jan Knies (1860–1937), wiederholt in der Höhle. Nevrly, zerstritten mit der Fürstenfamilie Liechtenstein, baute eine Grenzmauer auf und öffnete später sogar einen neuen Zugang zur Höhle. 1904 kamen in einem kleinen, westlich neben dem Höhleneingang betriebenen Steinbruch unter dem eingestürzten Felsdach in einer Lehmablagerung Skelettteile von drei Menschen (zwei Erwachsene, ein Kind) zum Vorschein. Nach 1910 führten der Museumsverband von Litovel (Littau) unter Stanislav Smékal (1855–1927) Grabungen durch. 1912 erwarb die „Lautscher Gesellschaft" die Höhle. Insgesamt wurden in Mladec Skelettreste von mindestens sieben Menschen entdeckt.

Für die Im Aurignacien aufkommenden Tauschgeschäfte sprechen Schmuckschnecken und ein Bernsteinstück aus niederösterreichischen Freilandsiedlungen, die nicht aus Österreich

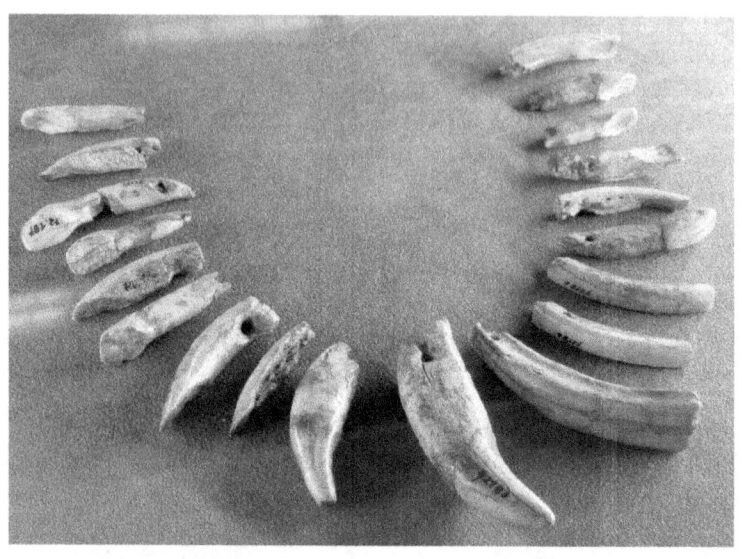

Kette aus Zähnen vom Höhlenbär, Wildpferd, Elch und Biber
aus Mladec (Lautsch) in Tschechien.
Originale im „Naturhistorischen Museum Wien".
Foto: Wolfgang Sauber / CC-BY-SA4.0 (via Wikimedia Commons)
lizensiert unter Creative-Commons-Lizenz by-sa-4.0-de,
https://creativecommons.org/licenses/by-sa/4.0/legalcode

stammen. Bei den Schmuckschnecken von Krems-Hundssteig handelt es sich um einheimische Arten aus der Umgebung des Fundortes, aber auch aus der Donau bei Krems, aus dem Wiener Becken, und aus dem Mittelmeer. Die un-terschiedlichen Herkunftsgebiete der verschiedenen Schmuck-schneckenarten belegen weitreichende Fernverbindungen im Aurignacien. Die aus fremden Gebieten stammenden Schmuck-schnecken dürften über eine Vielzahl von Zwischenhändlern nach Niederösterreich gelangt sein. Sie wurden weitergereicht, wenn sich die Menschen des Aurignacien bei ihren Wande-rungen oder Jagdunternehmungen trafen. Die durchbohrten Schne-ckengehäuse nähte man meist auf die aus Tierfellen oder -leder angefertigte Kleidung auf. Kleidungsreste aus dem Aurignacien hat man jedoch bisher in Österreich nicht nach-weisen können, aber auf manchen Kunstwerken aus dem Aurignacien wird Kleidung angedeutet.

Bei den Aurignacien-Leuten war das Bedürfnis, sich zu schmücken, stark ausgeprägt. Dies zeigen die an den nieder-österreichischen Fundstellen Getzersdorf, Krems-Hundssteig, Langmannersdorf und Senftenberg entdeckten Schmuckstücke. Neben nur wenige Millimeter bis einige Zentimeter großen Schmuckschnecken gab es auch Objekte aus Kalk, Nephrit (ein dichtes, grünes, verworren-faseriges Gestein) und Bern-stein. Die durchlochten Schmuckschnecken dienten außer als Verzierung für die Kleidung auch als Bestandteile von Hals-oder Armketten, dazu wurden sie auf Schnüre oder Leder-bänder aufgefädelt. Manche Schmuck-schnecken wiesen beim Auffinden noch Farbspuren auf. Das war beispielsweise in Krems-Hundssteig der Fall. Die Farbe stammte von Hämatit (einem rötlichen Eisenerz) oder Ocker. Dieses Material wurde unter anderem in Langmannersdorf entdeckt. Man konnte es zu Pulver zerreiben, mit Wasser vermischen und so eine intensiv

„Venus vom Galgenberg" aus Stratzing bei Krems in Österreich.
Foto: Aiwok / CC-BY-SA3.0AT (via Wikimedia Commons)
lizensiert unter Creative-Commons-Lizenz by-sa-3.0-at,
https://creativecommons.org/licenses/by-sa/3.0/at/legalcode

färbende Paste herstellen, mit der man unterschiedliche Gegenstände verschönerte. Schmuck aus Kalk ist aus Getzersdorf bekannt. Dabei handelt es sich um zwei große, rundliche und durchbohrte Kalkkonkretionen, die vielleicht Teil einer Kette waren. Einen Anhänger aus Nephrit barg man in Krems-Hundssteig. In Langmannersdorf kam ein Bern-steinstück zum Vorschein.

Als das älteste Kunstwerk Osterreichs gilt die am 23. September 1988 bei Ausgrabungen der Prähistorikerin Christine Neugebauer-Maresch am Galgenberg von Stratzing bei Krems entdeckte Menschenfigur. Sie wurde aus einer schieferigen, grünen Amphibolitplatte geschaffen. Die Vorderseite des 7,20 Zentimeter hohen Kunstwerks ist halbrund gestaltet, die Rückseite teilweise flach belassen. Auf der Rückseite sind deutliche Ritzlinien erkennbar. Der Kopf weist an der dem erhobenen Arm zugewandten Seite Kerben auf. Die aus mehreren Bruchstücken zusammengesetzte Figur ist vielleicht weiblich, Christine Neugebauer-Maresch meinte jedenfalls eine links zur Seite gedrehte Brust zu erkennen. Sie wirkt nicht steif und dick wie die einige tausend Jahre später geschaffene „Venus von Willendorf" aus dem Gravettien, die 1908 geborgen wurde. Mit ihren normalen Proportionen, dem erhobenen linken Arm, dem seitlich abgestemmten rechten Arm, dem gedrehten Körper und den deutlich getrennten Beinen erscheint sie eher grazil und tänzerisch. Deshalb hat man sie auch in Anlehnung an Fanny Elßler (1810–1884), die berühmteste Tänzerin Osterreichs, als „Fanny – die tanzende Venus vom Galgenberg" bezeichnet. Nach letzten Altersdatierungen beträgt das geologische Alter von „Fanny" ungefähr 36.000 Jahre. Vorher war von ca. 32.000 Jahren die Rede gewesen. Man darf man solche Datierungen nicht immer wichtig nehmen.

Aus Mammutelfenbein geschnitzte Raubkatze
aus der Vogelherdhöhle bei Niederstotzingen im Lonetal
in Baden-Württemberg.
Foto: Museopedia / CC-BY-SA4.0
(via Wikimedia Commons)
lizensiert unter Creative-Commons-Lizenz by-sa-4.0-de,
https://creativecommons.org/licenses/by-sa/4.0/legalcode

Aus Mammutelfenbein geschnitztes Wildpferd
aus der Vogelherdhöhle bei Niederstotzingen im Lonetal
in Baden-Württemberg.
Foto: Wuselig / CC-BY-SA3.0
(via Wikimedia Commons)
lizensiert unter Creative-Commons-Lizenz by-sa-3.0-en,
https://creativecommons.org/licenses/by-sa/3.0/legalcode

Am weiblichen Geschlecht der Menschenfigur von Stratzing sind später Zweifel laut geworden. Der Prähistoriker Friedrich Brandtner aus Gars deutete das Kunstwerk als einen Jäger mit geschulterter Keule. Derartige Keulen sind aus mährischen Lagern von Mammutjägern bekannt. Die von Christine Neugebauer-Maresch erwähnte weibliche Brust wurde von Brandtner als Rest eines abgewinkelten Armes betrachtet. Erstaunlich realistisch wirken aus Mammutelfenbein geschnitzte, nur wenige Zentimeter große Tierfiguren aus dem Aurignacien, die in süddeutschen Höhlen geborgen wurden. Aus der Geißenklösterlehöhle bei Blaubeuren-Weiler in Baden-Württemberg stammen Elfenbeinschnitzereien, die das Mammut (zwei Funde), den Wisent und den Höhlenbären zeigen. Besonders gelungene Tierfiguren aus Elfenbein wurden in der Vogelherdhöhle in Baden-Württemberg zu unterschiedlichen Zeiten absichtlich abgelegt. Seit den ersten Ausgrabungen des Tübinger Prähistorikers Gustav Riek (1900–1976) hat man drei Mammute, ein Fellnashorn, einen Wisent, ein Wildpferd und fünf Raubkatzen entdeckt.

Bei den zumeist aus Feuerstein geschlagenen Steinwerkzeugen der Aurignacien-Leute überwogen die Klingen. Die Feuersteinwerkzeuge von Krems-Hundssteig gleichen in Machart und Material so auffällig denen von Gobelsburg in Niederösterreich, dass man verleitet sein könnte, dahinter dieselben Hersteller zu vermuten. Zu den bekanntesten Steinwerkzeugen von Krems-Hundssteig zählt die Kremser Spitze. Sie ist an beiden Seitenkanten sehr fein perlartig retuschiert. Die Kremser Spitze könnte zum Ritzen oder Bohren gedient haben, meinen manche Prähistoriker. Bei der Werkzeugherstellung benötigte man eine feste Unterlage, auf die man das zu bearbeitende Rohmaterial legen konnte. Dafür wurde in Langmannersdorf offenbar ein zwei Meter langer Mammutstoßzahn ohne Spitze benutzt. Seine Oberfläche sieht so aus, als habe man darauf Knochen oder anderes Material zerschlagen. Die wichtigsten Waffen der Aurignacien-Jäger dürften Stoßlanzen und Wurfspeere gewesen sein. Diese bestanden aus langen, mit scharfkantigen Feuersteinwerkzeugen geglätteten Holzschäften, die man mit knöchernen Spitzen bewehrte oder bloß zuspitzte und im Feuer härtete. Insgesamt acht solcher Knochenspitzen kamen in der Tischoferhöhle bei Kufstein zum Vorschein. In einer Seitennische der „Löwenhalle" der Großen Badlhöhle wurde bereits 1837 bei Ausgrabungen durch Wilhelm Ritter von Haidinger (1795–1871) aus Wien und den Botaniker Franz Unger (1800–1870) aus Graz eine Knochenspitze entdeckt. Dabei handelt es sich um eine Lautscher Spitze, die nach dem mährischen Fundort Mladeè (Lautsch) benannt ist. Der Technokomplex des Aurignacien ist in Ost- und Mitteleuropa älter als in Südwestfrankreich. Das legt eine Ost-West Bewegung nahe. Der in Krems arbeitende Wissenschaftler Wolfgang Heinrich ging davon aus, dass die Aurignacien-Leute von ihrem Ursprungsgebiet im Vorderen Orient auf ihrem Weg von Osten nach Westen entlang der Karpaten, die Donau aufwärts, ins Illyrikum gezogen seien. Für denkbar hält er aber auch, dass sie, der Mittelmeerküste bis Istrien folgend, nach Mitteleuropa gelangt seien.

Über die Geisteswelt der Aurignacien-Leute auf dem Gebiet des heutigen Österreich kann man lediglich spekulieren. Aus Süddeutschland kennt man aus Mammutelfenbein geschnitzte Figuren aus dem Aurignacien, die zu allerlei Spekulationen Anlass geben.

Das geheimnisvollste Kunstwerk aus dem Aurignacien in Deutschland ist wohl ein fast 30 Zentimeter hohes, aus Mammutelfenbein geschnitztes Mensch-Tier-Wesen aus der Höhle Hohlenstein-Stadel bei Asselfingen in Baden-Württem-

Fast 30 Zentimeter hohes,
aus Mammutelfenbein geschnitztes Mensch-Tier-Wesen
aus der Höhle Hohlenstein-Stadel in Lonetal in Baden-Württemberg.
Die Figur hat den Kopf einer Höhlenlöwin,
gespreizte Beine und Füße mit Hufen.
Foto: Dagmar Hollmann / CC-BY-SA4.0
(via Wikimedia Commons)
lizensiert unter Creative-Commons-Lizenz by-sa-4.0-de,
https://creativecommons.org/licenses/by-sa/4.0/legalcode

berg. Die wie ein Mensch aufrecht stehende Figur trägt den Kopf einer Höhlenlöwin mit nach vorn gerichteten Ohren. Sie blickt aufmerksam in die Ferne, hat einen ruhig herabhängenden linken Arm (der rechte fehlt) sowie gespreizte Beine und Füße mit Hufen. Verkörperte diese seltsame Figur vielleicht eine Gottheit?

In der Geißenklösterlehöhle bei Blaubeuren Weiler in Baden-Württemberg fand man ein kleines Elfenbeinplättchen, auf dem das Halbrelief eines Menschen zu erkennen ist. Mit hoch erhobenen Armen und gespreizten, hufartigen Füßen nimmt er die Körperhaltung eines Betenden (Adorant) oder Zauberers (Schamane) ein. Am linken Arm sind mehrere Kerben eingeschnitten. Der Rand des 3,8 Zentimeter langen, 1,4 Zentimeter breiten und fast einen halben Zentimeter dicken Elfenbeinplättchens ist auf der Rückseite gekerbt. Die Rückfront enthält außerdem vier Einstichreihen mit unterschiedlich vielen Vertiefungen, die vielleicht als kalenderartige Aufzeichnungen gedacht waren.

In der Höhle Hohle Fels bei Schelklingen (Alb-Donau-Kreis) in Baden-Württemberg gelang bei einer Ausgrabung des amerikanisch-deutschen Prähistorikers Nicholas J. Conard im September 2008 die Entdeckung einer kleinen zerbrochenen Frauenfigur aus Mammutelfenbein ohne Kopf mit großen Brüsten. Aufgefunden hat man die Bruchstücke etwa 20 Meter vom Höhleneingang entfernt rund drei Meter unter der heutigen Oberfläche des Höhlenbodens. Die Figur war in sechs Teile zerbrochen, die dicht beieinander und übereinander lagen. Man setzte die Fragmente zusammen, die eine nackte Frauenfigur ergaben, und präsentierte die „Venus vom Hohle Fels" (auch Hohlefels) am 13. Mai 2009 der Presse. Laut Radiokohlenstoff-Datierung sind die Schichten Va und Vb, in der die Teile zum Vorschein kam, mindestens 35.000 Jahre alt. Diese

Halbrelief eines Menschen in Gebetshaltung
aus der Geißenklösterlehöhle bei Blaubeuren-Weiler im Achtal
in Baden-Württemberg.
Foto: Thilo Parg / CC-BY-SA3.0 (via Wikimedia Commons)
lizensiert unter Creative-Commons-Lizenz by-sa-3.0,
https://creativecommons.org/licenses/by-sa/3.0/legalcode

Sensationsfund vom September 2008:
„Venus vom Hohle Fels" bei Schelklingen
in Baden-Württemberg.
Foto: Ramessos / CC-BY-SA3.0 (via Wikimedia Commons)
lizensiert unter Creative-Commons-Lizenz by-sa-3.0-de,
https://creativecommons.org/licenses/by-sa/3.0/legalcode3.0

*Replik einer Malerei aus dem Aurignacien
in der Chauvet-Höhle bei Vallon-Pont-d'Arc in Frankreich
im „Museum Anthropos" in Brno.
Sie zeigt eine Gruppe eiszeitlicher Höhlenlöwen.
Foto: HTO (via Wikimedia Commons),
Lizenz: gemeinfrei (Public domain)*

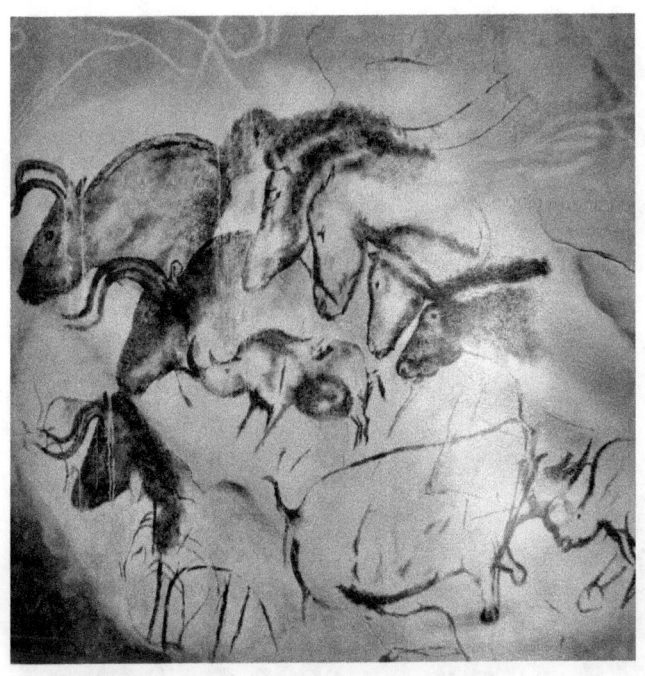

Darstellungen von Auerochsen, Wildpferden
und Fellnashörnern in der Chauvet-Höhle
bei Vallon-Pont-d'Arc im französischen Département Ardèche.
Foto: Thomas T. / CC-BY-SA2.0 (via Wikimedia Commons)
lizensiert unter Creative-Commons-Lizenz by-sa-2.0,
https://creativecommons.org/licenses/by-sa/2.0/legalcode

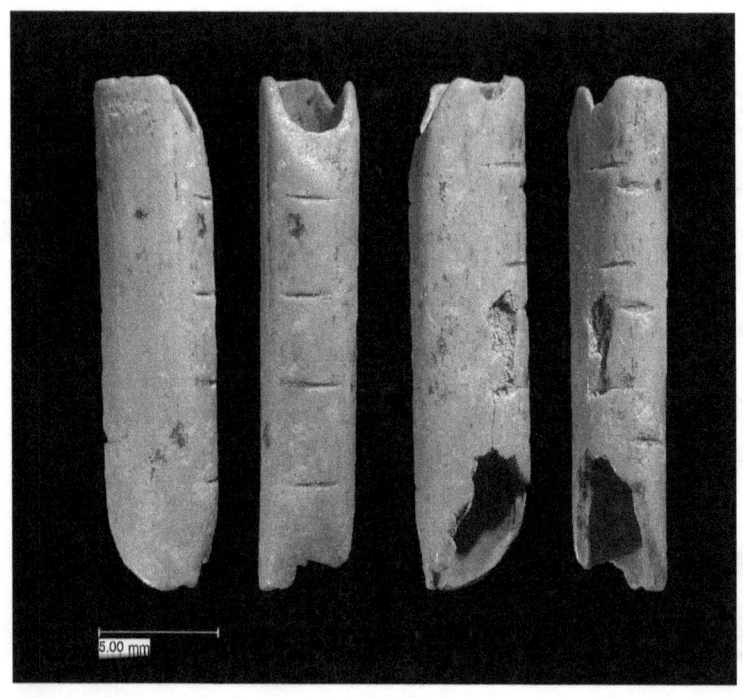

Bruchstücke einer Flöte mit fünf Löchern
aus dem Speichenknochen eines Gänsegeiers aus der Höhle Hohler Fels
bei Schelklingen in Baden-Württemberg.
Foto: Museopedia / CC-BY-SA4.0 (via Wikimedia Commons)
lizensiert unter Creative-Commons-Lizenz by-sa-4.0-en,
https://creativecommons.org/licenses/by-sa/4.0/legalcode

älteste bekannte Menschendarstellung wurde 2009 in der „Landesausstellung Baden-Württemberg" mit dem Titel „Eiszeit – Kunst und Kultur" im „Kunstgebäude Stuttgart" gezeigt. Seit 2014 bildet die „Venus vom Hohle Fels" eine Attraktion in der neuen Dauerausstellung des „Urgeschichtlichen Museums Blaubeuren". Die Figur ist 59,7 Millimeter hoch, 34,6 Millimeter breit, 31,3 Millimeter dick und 33,3 Gramm schwer. Statt eines Kopfes trägt sie eine quer durchlochte Öse, was verrät, dass sie als Anhänger diente. Der linke Arm und die Schulter fehlen. Die Figur weist etliche Ritzlinien und Kerben auf. Der englische Prähistoriker Paul Mellars meinte, die figürlichen Merkmale jener Venus würden nach Maßstäben des 21. Jahrhunderts an Pornographie grenzen.

Von begnadeten Künstlern aus dem Aurignacien sind die eindrucksvollen Tierbilder in der Chauvet-Höhle nahe der südfranzösischen Kleinstadt Vallon-Pont-d'Arc im Département Ardèche geschaffen worden. Diese Höhle enthält Bilder von Fellnashörnern, Wildpferden, Höhlenlöwen und anderen eiszeitlichen Tieren. Die ersten der mehr als 300 Wandbilder mit über 400 Tierdarstellungen in der Chauvet-Höhle sind vielleicht schon vor etwa 37.000 Jahren entstanden. Sie gelten als die ältesten bekannten Höhlenmalereien und Höhlenzeichnungen.

Die kunstsinnigen Aurignacien-Menschen haben auch die Musik geschätzt. Aus baden-württembergischen Höhlen sind etliche mindestens 35.000 Jahre alte Flöten bekannt. Allein in der Geißenklösterlehöhle bei Blaubeuren-Weiler hat man drei Flöten geborgen. Flöte 1 ist 12,6 Zentimeter lang und besteht aus dem Knochen eines Singschwans. Flöte 2 mit zwei Lochresten ist nur fragmentarisch erhalten und aus dem Röhrenknochen eines Vogels angefertigt. Flöte 3 besteht aus zwei ausgehöhlten Mammutelfenbeinspänen, die man

Flöte aus dem Flügelknochen eines Singschwans aus der
Geißenklösterlehöhle bei Blaubeuren-Weiler in Baden-Württemberg.
Foto: Thilo Parg / CC-BY-SA3.0 (via Wikimedia Commons)
lizensiert unter Creative-Commons-Lizenz by-sa-3.0-de,
https://creativecommons.org/licenses/by-sa/3.0/legalcode

zusammenklebte. – In der Höhle Hohler Fels bei Schelklingen fand man im Sommer 2008 eine fast 22 Zentimeter lange, maximal 8 Millimeter breite Flöte mit fünf Löchern aus dem Speichenknochen eines Gänsegeiers. Außerdem entdeckte man dort Bruchstücke von zwei Flöten aus Mammutelfenbein, die wie der Fund aus der Geißen-klösterlehöhle konstruiert waren. – Fragmente von drei Flöten gehören zum Fundgut der Vogelherdhöhle bei Nieder-stotzingen. Eine stellte man aus einem Vogelknochen her, eine zweite aus Mammutelfenbein und eine dritte mit zwei angeschnittenen Löchern aus einem Gänsegeierknochen.

Wiener Prähistoriker Josef Bayer (1882–1931).
Die Aufnahme zeigt ihn zur Zeit der Ausgrabungen
am Fundort Willendorf II an der Donau
in der Wachau (Niederösterreich) im Jahre 1908.
Foto: Naturhistorisches Museum Wien,
Prähistorische Abteilung

Die „Venus von Willendorf"

Das Gravettien

Nach dem Aurignacien folgte in Österreich das Gravettien als zweitälteste Kulturstufe der jüngeren Altsteinzeit (Jungpaläolithikum). Das Gravettien konzentrierte sich in der Wachau, im Kamptal und im angrenzenden nördlichen Niederösterreich. Die Menschen des Gravettien waren Bewohner des flachen Landes. Sie kamen vielleicht über die ukrainisch-polnischen Ebenen aus Sibirien. Die aus dem Gravettien stammenden Funde in Österreich wurden bis Ende der 1920er Jahre dem schon seit 1869 eingeführten Aurignacien zugeordnet. Dann jedoch erkannte der Wiener Prähistoriker Josef Bayer (1882–1931), dass sich die Zusammensetzung der Steinwerkzeuge aus den Schichten 2, 3 und 4 der Fundstelle Willendorf II (Ziegelei Ebner) auffällig von derjenigen der Schichten 5 bis 9 unterscheidet. In Schicht 4 lagen Kiel- und Kegelschaber, während die nach einem französischen Fundort benannten Gravette-Spitzen, Kerbspitzen und Stichel fehlten. Bayer ordnete Schicht 4 dem Mittelaurignacien zu. Die darüber liegende Schicht 5 der Fundstelle Willendorf II zeigt dagegen einen vollkommen anderen Charakter. Sie enthielt unter anderem acht Stichel, acht Gravette-Spitzen und sechs Klingen. Bayer stufte Schicht 5 ins Spätaurignacien und schlug dafür 1928 den Begriff Aggsbachien vor, weil in Aggsbach (Niederösterreich) bereits früher ein ähnliches Inventar von Steinwerkzeugen entdeckt worden

Englische Archäologin Dorothy Garrod (1892–1968).
Foto: Newnham College, Cambridge, um 1905
(via Wikimedia Commons),
Lizenz: gemeinfrei (Public domain)

war. Da dort keine älteren Fundschichten vorlagen, konnte man jedoch noch keine Unterschiede feststellen. Der Name Aggsbachien setzte sich nicht durch.

1938 prägte die englische Archäologin Dorothy Garrod (1892–1968) für die Funde aus der Halbhöhle von La Gravette bei Bayac im französischen Département Dordogne, unter denen sich die charakteristischen Gravette-Spitzen befanden, den Begriff Gravettien. Dieser Name ist heute auch in Österreich gebräuchlich.

Das Gravettien fiel in Österreich in eine Phase der Abkühlung und Ausbreitung der Alpengletscher. Anstelle von Wäldern gab es baumlose Steppen, in denen Mammute, Fellnashörner, Wisente, Rentiere und Steinböcke lebten. Außerdem kennt man aus dieser Zeit die Überreste von Höhlenlöwen, Höhlenbären, Wölfen und Luchsen.

Skelettreste der Gravettien-Leute entdeckte man bisher ausschließlich in Niederösterreich, so in Krems-Hundssteig, in Krems-Wachtberg, im Mießlingtal bei Spitz und in Willendorf. In Aggsbach kam ein Zahnrest zum Vorschein. Die bisher in Österreich geborgenen Skelettreste erlaubten kaum Aussagen über das Aussehen dieser Menschen.

Männliche Gravettien-Leute erreichten teilweise bereits eine beachtliche Größe. So war beispielsweise ein Mann aus Pavlov (Pollau) in Tschechien 1,85 Meter groß. Die Frauen maßen selten mehr als 1,60 Meter. Komplette Skelette entdeckte man vor allem in Tschechien, wo allein am Fundort Predmost bei Prerov in Mähren 20 vollständige Bestattungen gefunden wurden.

Rätsel gibt die 1947 in Dolni Vestonice (Unterwisternitz) in Mähren von dem tschechischen Prähistoriker Bohuslav Klima (1925–2000) aus Brno (Brünn) entdeckte Bestattung einer etwa 40 Jahre alten Frau auf. Ihre schiefen Gesichtszüge gleichen

Replik eines aus Mammutelfenbein geschnitzten Frauenkopfes
mit schiefem Gesicht aus Dolni Vestonice
im Krahuletz-Museum in Eggenburg (Niederösterreich).
Foto: Wolfgang Sauber / CC-BY-SA4.0
(via Wikimedia Commons),
lizensiert unter Creative-Commons-Lizenz by-sa-4.0-de,
https://creativecommons.org/licenses/by-sa/4.0/legalcode

denen eines bereits 1936 in Dolni Vestonice geborgenen, aus Mammutelfenbein geschnitzten Köpfchens. Das Grab und die Grabbeigaben der Toten sprechen für deren besondere Stellung. Ihr Kopf war mit Ocker bestreut, ihren Körper schützten Mammutschulterblätter. Ins Grab dieser Frau hatte man Steinwerkzeuge und einen Polarfuchs gelegt. Ein weithin sichtbares Mammutbecken markierte längere Zeit als Stele das Grab. Womöglich handelte es sich bei dieser Toten, der eine gewisse Ahnenverehrung zuteil wurde, um eine Schamanin? Am Fundort Dolni Vestonice II barg man 1986 ein Dreifachgrab, in dem man drei junge Männer nebeneinander beerdigt hatte. Wie anthropologische Funde von Dolni Vestonice I erhielten auch die Neufunde von Dolni Vestonice II eine fortlaufende Nummerierung. In diesem Fall: DV 13 (links), DV 14 (rechts) und DV 15 (Mitte). Die drei jungen Männer im Alter von maximal 20 bis 25 Jahren waren mindestens 1,68 (DV 13), 1,79 (DV 14) und 1,59 Meter (DV 15) groß. Einer von ihnen (DV 13) hatte eine tödliche Stichverletzung durch einen Speer erlitten, ein anderer (DV 14) eine tödliche Schlagverletzung durch einen stumpfen Gegenstand. DV 14 lag auf dem Bauch. Zwischen den Kiefern von DV 15 befand sich eine Pferderippenstück, das als Beißholz zur Schmerzlinderung gedeutet wird. Die Schädel der drei Verstorbenen hat man mit einem Gemisch aus Lehm und Rötel bedeckt. Bei DV 15 war auch der Schoß mit Rötel bestreut. In Krems-Hundssteig barg der von 1890 bis 1893 die Lehrerbildungsanstalt besuchende Alois Kesseldorfer sechs Röhrenknochen einer etwa 1,60 Meter großen Frau, die im Alter von ungefähr 30 Jahren gestorben war. Bei den Funden handelt es sich um den rechten und linken Oberarmknochen, den rechten und linken Oberschenkel sowie um das rechte und linke Schienbein. Diese Skelettreste wurden etwa 60 Jahre später der

Deutscher Geograph Albrecht Penck (1858–1945).
Foto: Library of Congress, Prints & Photographs Divsion,
Washington, D.C.,
Bain News Service, George Graham Bain Collection,
Digital ID: ggbain-01124

„Anthropologischen Abteilung" des „Naturhistorischen Museums" in Wien übergeben, wo sie heute noch aufbewahrt werden. Bedauerlicherweise sind zwei ebenfalls in Krems-Hundssteig geborgene menschliche Skelette weggeworfen worden. Ein später von derselben Fundstelle zusammen mit Tierknochen zum Vorschein gekommener Oberschenkelknochen sowie ein Unterschenkelknochen gingen ebenfalls verloren. Dies sind traurige Beispiele dafür, welch geringe Beachtung man früher urgeschichtlichen Skelettfunden schenkte.

Der nächste Fund eines Menschen aus dem Gravettien in Österreich erfolgte 1896 am nordöstlichen Ortsende von Spitz an der Donau in Niederösterreich. Am Fuße des Arzberges stießen der Landwirt Anton Pichler und sein Helfer Josef Lagler beim Ausheben eines Fundaments für das Wohnhaus von Pichler auf eine Schicht mit Steinwerkzeugen, Tierknochen und das vollständig (!) erhaltene Skelett eines Menschen. In der Fachliteratur wird diese Fundstelle im Tal des Mießlingsbaches als Mießlingtal A bezeichnet. Bedauerlicherweise wurde das Skelett wegen der abergläubischen Furcht von Frau Pichler vor Toten zerschlagen und in den vorbei fließenden Bach geworfen, während man das übrige Material neben dem Haus aufschüttete. Damit ging einer der wertvollsten urgeschichtlichen Funde Österreichs für die Wissenschaft verloren.

1912 barg der Wiener Prähistoriker Josef Bayer bei einer Exkursion mit dem damals in Berlin wirkenden Geographen Albrecht Penck (1858–1945) im Mießlingtal zertrümmerte Tierknochen, Steinwerkzeuge und Rötelstücke zum Färben von Körper und Gegenständen. Diese Fundstelle wird Mießlingtal E genannt. Angesichts dieser Funde und des Hinweises von Pichler auf seine Entdeckung von 1896 beschloss Bayer, in den nächsten Jahren eine Grabung im Mießlingtal vorzunehmen. Im März 1914 begann Pichler mit weiteren Erdarbeiten in der Umgebung seines Wohnhauses. Als die „Prähistorische Abteilung" des „Naturhistorischen Museums" in Wien davon erfuhr, bewirkte sie eine Einstellung dieser Arbeiten. Bei seinen Grabungen vom 1. bis 4. April 1914 im Mießlingtal untersuchte Bayer zunächst jene Stelle, an der 1896 das komplette Skelett gefunden worden war. Er ließ sogar die Pflasterung des Hofes aufreißen, um die näheren Fundumstände zu klären. Dabei barg er am 3. April 1914 ein Unterkieferbruchstück von einem etwa acht bis neun Jahre alten Kind. Zugleich erforschte Bayer den Talhang zwischen dem Wohnhaus von Pichler und dem benachbarten Felsvorsprung. Insgesamt konnte Bayer vier verschiedene Fundstellen nachweisen, die in der Fachliteratur Mießlingtal A, B, C und D genannt werden.

Vom 26. April bis 11. Juli 1914 nahm Bayer im Mießlingtal eine weitere Grabung vor, bei der er auf verschiedene Siedlungsspuren stieß. 1921 folgte noch eine Untersuchung, als für den Bau eines Stalles Erdarbeiten erforderlich waren. Zu den Fundorten mit menschlichen Skelettresten aus dem Gravettien gehören auch Willendorf I und Willendorf II (Ziegelei Ebner) in der Wachau. In Willendorf I barg man bei der Grabung 1884/1885 das 20 Zentimeter lange rechte Oberschenkelfragment einer mutmaßlich weiblichen Erwachsenen, für die man eine Körpergröße von 1,54 Meter errechnete. In Willendorf II (Schicht 9) wurde 1908 bei der Grabung von Josef Szombathy, Josef Bayer und Hugo Obermaier ein vermutlich weibliches Unterkieferbruchstück entdeckt.

In Aggsbach gelang Josef Bayer 1911 der Fund eines fragmentarisch erhaltenen menschlichen Mahlzahns. Der Wiener Anthropologe Wilhelm Ehgartner (1914–1965) identifizierte

diese Entdeckung später als rechten, unteren dritten Backenzahn. Ehgartner war von 1955 bis 1965 Leiter der „Anthropologischen Abteilung" des „Naturhistorischen Museums
Wien".

Vielleicht gehören auch zwei Ober- und Unterschenkelknochen
eines Menschen, die im Sommer 1987 in Grafensulz (Niederösterreich) entdeckt wurden, ins Gravettien. Sie kamen bei
Instandsetzungsarbeiten für ein im strengen Winter 1986/1987
eingestürztes Kellergewölbe zum Vorschein, als ein Bagger den
eingefallenen Teil großräumig ausgrub. Dabei stieß der Arbeiter
Johann Meisel etwa sechs Meter unter der Erd-oberfläche auf
die erwähnten Knochen. Die intensive Nachforschung durch
den verdienstvollen Heimatforscher Hermann Maurer aus Wien
erbrachte keine weiteren Hinweise. Bei den Funden aus
Grafensulz handelt es sich nach Meinung der Wiener
Anthropologin Maria Teschler-Nicola vermutlich um Reste
einer kleinen grazilen Frau aus der Altsteinzeit. Ihr Er-
haltungszustand stimmt mit demjenigen der menschlichen Knochenfunde von Krems-Hundssteig überein. Da der Fundort
nicht weit von Freilandstationen aus dem Gravettien entfernt
ist, könnten diese Knochenreste derselben Kulturstufe ange-
hören.

Im September 2005 gelang bei einer von der „Österreichischen
Akademie der Wissenschaften" veranlassten Grabung am
Wachtberg in Krems an der Donau (Niederösterreich) eine
sensationelle Entdeckung. In ungefähr 6 Meter Tiefe stieß das
Grabungsteam der Prähistorikerin Christine Neugebauer-
Maresch unter einem Mammutschulterblatt auf die Doppelbe-
stattung von zwei Säuglingen, die phantasievoll als „Zwillinge
von Krems" bezeichnet wurden. Die beiden Kleinstkinder sind
vielleicht während oder kurz nach der Geburt gestorben. Ihre
Schädel waren nach Norden und ihre Gesichter nach Osten

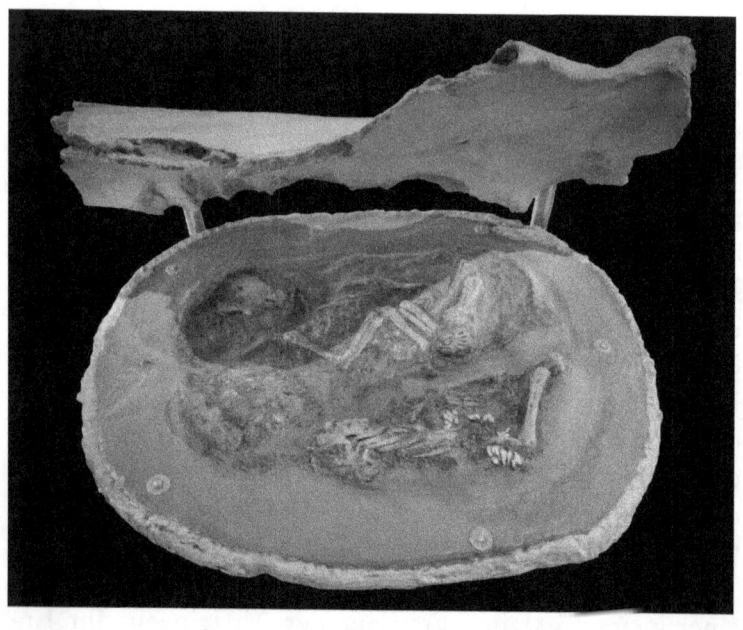

Replik der 2005 in Krems-Wachtberg (Niederösterreich) entdeckten,
mit einem Mammutschulterblatt bedeckten Säuglings-Doppelbestattung
(„Zwillinge von Krems") im „Naturhistorischen Museum Wien".
Foto: Thilo Parg / CC-BY-SA3.0 (via Wikimedia Commons)
lizensiert unter Creative-Commons-Lizenz by-sa-3.0,
https://creativecommons.org/licenses/by-sa/3.0/legalcode

zur aufgehenden Sonne ausgerichtet. In beiden Fällen hatte man die Beine stark zum Körper hin angewinkelt (Hockerbestattung). Im Beckenbereich des westlich bestatteten Säuglings befanden sich mindestens 35 Perlen aus Mammutelfenbein, die vielleicht von einer Kette oder einem Gürtel stammten. Beide Bestattungen hatte man mit Ocker bestreut. Wollte man damit nur ein besseres Aussehen der Toten bzw. eine gewisse Festlichkeit erreichen oder glaubte man, mit der Farbe des Blutes und somit auch des Lebens die Toten wieder erwecken zu können? Womöglich waren die Kinder-leichen in Leder oder Fell eingeschlagen worden.

Im Juli 2006 glückte in Krems-Wachtberg ein weiterer Sensationsfund. Nur anderthalb Meter von der Doppelbestattung entfernt entdeckte man Skelettreste eines ungefähr drei Monate alten Säuglings. Diese Bestattung war nicht so gut erhalten wie die mit einem Mammutschulterblatt abgedeckte Doppelbestattung. Diesmal lag der Kopf im Süden. Wie bei der Doppelbestattung war das Gesicht nach Osten zur aufgehenden Sonne gewandt. Auch die Beine waren wieder angewinkelt und der Leichnam mit Ocker bestreut. Im Kopfbereich lag eine 7 Zentimeter lange Nadel aus Mammutelfenbein, mit der man vielleicht eine Fell- oder Lederhülle verschlossen hatte, in welcher sich der kleine Leichnam befand. 2008 barg man in Krems-Wachtberg noch die Rippe eines ungefähr 12 Jahre alten Kindes, die von einer weiteren Bestattung aus dem Gravettien stammte.

Die Doppelbestattung und die Einzelbestattung der insgesamt drei Säuglinge in Krems-Wachtberg erfolgten etwa 100 Meter von der Fundstelle Krems-Hundssteig entfernt. Rund 40 Meter davon entfernt liegt die Fundstelle, an der 1930 der Wiener Prähistoriker Josef Bayer gegraben und Siedlungsspuren entdeckt hatte.

Im Juli 2015 begann die Freilegung der Skelettreste und Artefakte aus dem in Krems-Wachtberg geborgenen Grabblock der Doppelbestattung in der „Anthropologischen Abteilung" des „Naturhistorischen Museums Wien" („NHM"). Die „Ausgrabung im Museum" wurde von der Prähistorikerin Christine Neugebauer-Maresch („Österreichische Akademie der Wissenschaften") und der Anthropologin Maria Teschler-Nicola („Naturhistorisches Museum Wien") geleitet. In einer Pressemitteilung der „Österreichischen Akademie der Wissenschaften" von 2015 hieß es: „Mit der Verfügbarkeit eines transportablen, hochauflösenden 3D-Streifenlichtscanners mit integrierten Digitalkameras sowie mit fotogrammetrischen Tools kann nun im NHM Wien im Verlauf der kommenden Monate jedes Detail bei der Freilegung der altsteinzeitlichen Doppelbestattung genauestens dokumentiert und analysiert werden. Bei dieser „Ausgrabung im Museum" werden die Lage und Form jedes Knöchelchens ebenso wie alle Einzelheiten der Rötelfärbung und der Kette aus Elfenbeinanhängern, die sich im Grab fand, festgehalten. Die Ausgrabung erlaubt es zudem, die bisher völlig unbekannte Unterseite nicht nur der Skelette sondern auch der Grabsohle zugänglich und damit sichtbar zu machen. Dadurch lässt sich beispielsweise die Frage klären, ob die filigrane Kette lediglich beigelegt oder einem der Säuglinge umgehängt wurde."

Kurz nach der Entdeckung der Doppelbestattung vom Wachtberg ermittelte man mit der Radiokarbonmethode ein Alter von etwa 27.000 Jahren, später mit einer anderen Datierungsmethode sogar von rund 32.000 Jahren. Die Doppelbestattung von Krems-Wachtberg gilt weltweit als erstes Grab von Kleinstkindern des frühen *Homo sapiens*. Sie belegt, dass die damaligen Jäger und Sammler bereits Säuglingen eine große Wertschätzung entgegenbrachten.

Die wissenschaftlichen Bearbeiter der Säuglingsbestattungen von Krems-Wachtberg ordnen diese der Kulturstufe Gravettien zu. Im Buch „Deutschland in der Steinzeit" (1991) des Wiesbadener Wissenschaftsautors Ernst Probst dauert das Gravettien von etwa 28.000 bis 21.000 Jahren und das davor liegende Aurignacien von rund 35.000 bis 29.000 Jahren. Wenn dies heute noch gälte, würde die etwa 32.000 Jahre alte Doppelbestattung vom Wachtberg in das Aurignacien gehören. Auf der Internetseite academica.com währt das Gravettien von etwa 31.000 bis 25.000 Jahren, womit die Doppelbestattung ebenfalls im Aurignacien stattgefunden hätte. Dem Aurignacien müsste man die Doppelbestattung auch zurechnen, wenn man der Internetseite „Prähistorische Archäologie.de" glauben würde, wo für das Gravettien ca. 28.000 bis 22.000 Jahre angegeben werden. Im Online-Lexikon „Wikipedia" beginnt das Gravettien vor etwa 35.000 Jahren und endet vor rund 24.000 Jahren, womit die Doppelbestattung am Wachtberg in dieser Kulturstufe läge. Laut „Wikipedia" reichen Datierungen von Fundstellen aus dem Gravettien von etwa 35.000 bis 27.000 Jahren, was die Doppelbestattung vom Wachtberg ebenfalls in das Gravetten stellt. In einer Pressemitteilung der „Österreichischen Akademie der Wissenschaften" von 2015 wird die Dauer des Gravettien mit etwa 34.000 bis 29.000 Jahren angegeben. Damit läge die Doppelbestattung wieder im Gravettien. Aus Österreich sind meist Siedlungen des Gravettien im Freiland bekannt. In den Nachbarländern Deutschland, Tschechien und Italien entdeckte man dagegen auch in Höhlen aussagekräftige Siedlungsspuren.

Die wichtigsten Freilandstationen aus dem Gravettien in Österreich liegen in Niederösterreich (Aggsbach, Krems-Wachtberg, Langenlois, Willendorf II). Eine Siedlungsstelle unter einem vorspringenden Felsen (Abri) fand man im

Aggsbach an der Donau in der Wachau (Niederösterreich).
Foto: Christian Janska (User Tschaensky) / CC-BY-SA2.5
(via Wikimedia Commons),
lizensiert unter Creative-Commons-Lizenz by-sa-2.5-de,
https://creativecommons.org/licenses/by-sa/2.5/legalcode

Mießlingtal bei Spitz in Niederösterreich. Die Felswand ist dort etwa 7 Meter hoch und 5 Meter lang. Die überhängenden Felspartien sind heute durch Abbruch und Verwitterung größtenteils zerstört. Dieses Lager war nach zwei Seiten hin windgeschützt und nur nach Süden zu offen. In unmittelbarer Nähe floss ein Bach, der die Trinkwasserversorgung sicherte. Unter dem Felsdach befanden sich einst zwei Feuerstellen, die jedoch nicht unbedingt gleichzeitig benutzt worden sein müssen.

In Aggsbach an der Donau, etwa drei Kilometer von der weltberühmten Fundstelle Willendorf II entfernt, gelten die dort gefundenen Steinwerkzeuge als Beleg für einen Siedlungsplatz aus dem Gravettien. Dort wurden mehrere Fundstellen entdeckt. Auf die erste – Fundstelle A genannt – stieß man 1883, als auf dem Grundstück des damaligen Bürgermeisters und Wirtes Ebner eine kleine Ziegelei errichtet wurde. Beim Lössabbau kamen erste Artefakte zum Vorschein, wovon der Ingenieur und Heimatforscher Ferdinand Brun (1850–1903) aus Kottes erfuhr, der diese Funde bekannt machte. 1884 hörte der Wiener Prähistoriker Josef Szombathy (1853–1943) von der Entdeckung. Er besichtigte am 5. Oktober 1884 zusammen mit Brun die Fundstelle. Brun übernahm von da ab das Aufsammeln der Funde, wobei er von dem Wiener Landschaftsmaler Hans Fischer (1848–1915) unterstützt wurde, der in den Sommermonaten von 1888 bis 1891 die Untersuchungen fortsetzte. Die Fundstelle B im Garten des Fabrikanten Heinrich Abel aus Wien wurde 1909 bei einem kurzen Besuch des Wiener Prähistorikers Josef Bayer entdeckt und 1911 ausgegraben. Als Fundstelle C wird der Bergkirchner Keller bezeichnet, der im Winter 1910/1911 eingestürzt war, wobei eine Kulturschicht sichtbar wurde. Weitere Fundstellen spürte man später auf. Eine umfassende Bearbeitung der Funde aus Aggsbach unter den heute üblichen wissenschaftlichen Maßstäben nahm 1951 der Wiener Prähistoriker Fritz Felgenhauer (1920–2009) vor.

Nicht ganz klar ist, was der Wiener Prähistoriker Josef Bayer im Juli 1930 innerhalb von sieben Tagen auf dem Wachtberg in Krems (Niederösterreich) ausgrub. Er entdeckte zwei ringförmig aufeinander zu laufende Gräben, die mit Asche und Holzkohlestückchen verfüllt gewesen sind. In den Pfostenlöchern waren vielleicht Holzstützen mit großen Tierknochen und Mammutstoßzähnen verkeilt. Bayer könnte auf Reste einer Hütte oder auf Luftkanäle eines Brennofens gestoßen sein. Zwei aus Lehm geschaffene und gebrannte fragmentarisch erhaltene Tierfiguren deuten vielleicht auf letzteres hin. Die Tonbruchstücke könnten den Kopf eines Rentieres oder einer Saiga-Antilope sowie das Rumpfvorderteil eines Höhlenlöwen darstellen. Zum Fundgut gehören mehr als 2.200 steinerne Artefakte sowie Knochen und Zähne von Mammut (8 Tiere), Wolf (mindestens 6), Rotfuchs (4), Vielfraß (3), Rentier (2), Steinbock (2), Moschusochse (1), Rothirsch (1) und Eisfuchs (1). Auch die Röhrenknochen der Wölfe hat man zwecks Markgewinnung aufgeschlagen. Diese Raubtiere wurden wegen ihres Felles und ihres Fleisches erlegt.

Zu den aufschlussreichsten Freilandsiedlungen aus dem Gravettien Österreichs gehört jene von der Ziegelei Kargl in Langenlois unweit von Krems. Dort stieß Fritz Felgenhauer 1961 bei Grabungen auf wannenförmige Vertiefungen, Pfostenlöcher mit Resten aufgestellter Mammutstoßzähne sowie Spuren von Feuerstellen. In Langenlois hatten Gravettien-Leute vermutlich einige kegelförmige oder längliche Hütten errichtet. Dabei dienten Stoßzähne und Knochen vom Mammut sowie

Steine als Wandstützen. Nach der Ausdehnung der Siedlungsspuren zu schließen, dürften hier etwa acht Personen gelebt
haben. An der Fundstelle Willendorf II betrachtet man die Schichten
5 bis 9 als Siedlungsreste aus dem Gravettien. Sie enthalten
vor allem Steinwerkzeuge. Willendorf II wurde bereits 1889
entdeckt. An der Bergung der Funde waren Pioniere der
Urgeschichtsforschung aus Österreich beteiligt.

Bei Ausgrabungen in Dolni Vestonice (Unterwisternitz) in
Mähren (Tschechien) entdeckte der Prähistoriker Bohuslav
Klima aus Brno zwei Grundrisse von an einem leichten Hang
nahe einer Quelle errichteten Hütten. In der 1950 gefundenen,
5 mal 9 Meter großen Hütte (Dolni Vestonice I) mit
nierenförmigem Grundriss gab es fünf Feuerstellen. Rund
30.000 geborgene Steinwerkzeuge stammen aus der Werkstatt
eines Steinschlägers. Am Westrand der Hütte lag in einer
flachen Grube unter Mammutschulterblättern das Skelett einer
bestatteten Frau. Etwa 80 Meter von dieser Behausung entfernt
stieß man 1951 auf eine kreisförmige Hütte (Dolni Vestonice
II) mit einem Durchmesser von 6 Metern. Ungefähr in der
Mitte dieser Unterkunft befand sich eine Feuerstelle, in deren
Asche etliche Bruchstücke von Menschen- und Tierfiguren
aus Ton lagen. Aus den Pfahlgruben schloss man, dass das
Dach jener Behausung pultförmig gestaltet war. Auf einer Seite
ruhte es auf Tragpfählen, auf der anderen auf dem Boden des
Hanges. Diese abseits stehende Behausung mit Tonfiguren und
Resten zweier Brennöfen wird als „Hütte des Schamanen"
bezeichnet.

Der Fundplatz Dolni Vestonice wurde 1922 entdeckt und
zwischen 1924 und 1938 durch den Paläoanthropologen Karel
Absolon (1887–1960) vom „Mährischen Landesmuseum

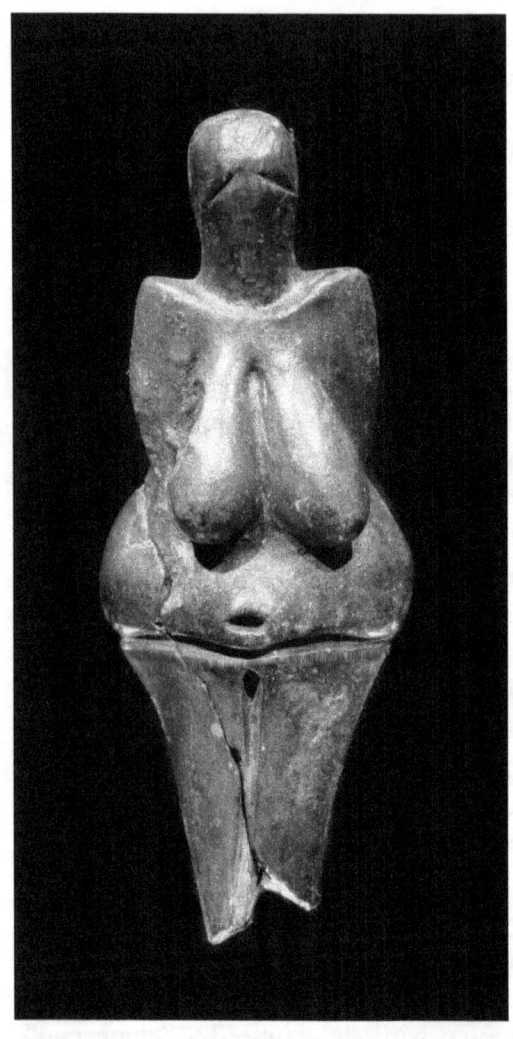

„Venus von Dolni Vestonice" (Unterwisternitz) in Tschechien).
Foto: Petr Novák, Wikipedia / CC-BY-2.5,
lizensiert unter Creative-Commons-Lizenz by-2.5-de,
https://creativecommons.org/licenses/by-sa/2.5/legalcode

Brünn" ausgegraben. Er fand eine große Anhäufung von Mammutknochen, die er als Abfallhaufen beschrieb, und 1925 die in zwei Teile zerbrochene, 11,1 Zentimeter hohe Tonfigur „Venus von Dolni Vestonice".

Die Menschen des Gravettien haben vor allem Mammute erlegt. Diese großen Rüsseltiere lieferten ihnen viel Fleisch, aber auch Knochen und Stoßzähne als Baumaterial für ihre Behausungen, wie das Beispiel von Langenlois zeigt. Daneben wurden Mammutknochen als Rohstoff für Werkzeuge und Mammutelfenbein als Material für Kunstwerke verwendet. Den Mammuten rückte man mit Stoßlanzen und Wurfspeeren aus Holz zu Leibe. Dazu waren viel Mut, List und Geschick nötig, wenn die Jagd nicht für manchen der daran Beteiligten tödlich enden sollte.

Die Mammutjagd ist durch Funde aus den Weinberghöhlen bei Mauern in Bayern besonders eindrucksvoll belegt. Dabei handelt es sich um vier nebeneinanderliegende, miteinander verbundene Höhlen sowie um eine weitere Höhle im Wellheimer Trockental. Am östlichen Eingang zur Mammuthöhle fand man den vollständigen Schädel eines jugendlichen Mammuts, dessen Stoßzähne teilweise abgebrochen waren und dicht davor lagen. Außerdem barg man Teile von Mammutwirbelsäulen, zwei Mammutschulterblätter, viele Rippen und vordere Extremitätenknochen vom Mammut sowie 14 durchlochte Elfenbeinanhänger und ebenfalls durchlochte Zähne vom Höhlenbären, Wolf, Eisfuchs und Rentier. Da die Fundstelle stark von Rötel gefärbt war und Holzkohlenreste enthielt, vermutete der umstrittene Ausgräber Assien Bohmers (1912–1988) aus Groningen in Holland eine kultische Funktion. Später entdeckte man am östlichen Eingang der Mittelhöhle das Skelett eines etwa zehn Jahre alten Mammuts, das noch die

Versöhnungszeremonie von Jägern aus dem Gravettien
für ein getötetes Mammut.
Zeichnung: Fritz Wendler (1941–1995)
für das Buch „Deutschland in der Steinzeit" (1991)
von Ernst Probst

Stoßzähne trug. Das Skelett ruhte auf einer mehrere Zentimeter dicken Schicht roter Erde und war mit vielen durchlochten Elfenbeinperlen und zahlreichen Feuersteinwerkzeugen überhäuft. Die „Perlen" und die Werkzeuge waren rot gefärbt. Handelte es sich hier etwa um eine Versöhnungszeremonie für ein getötetes Mammut? Die Jagdbeutereste von verschiedenen Fundstellen in Niederösterreich zeigen, dass neben dem Mammut auch der Höhlenbär sowie Wolf, Luchs, Wisent, Steinbock und das Rentier zur Strecke gebracht wurden. Im Mießlingtal bei Spitz waren auffällig viele der Rentierknochen zerschlagen, so als hätte man ihr Mark entnehmen wollen. Jagdbeutereste vom Rentier kennt man auch von Stillfried an der March in Niederösterreich.

Der Fabrikant und Heimatforscher Matthäus Much (1832–1909) aus Wien grub 1879, nachdem er einige Jahre zuvor von altsteinzeitlichen Funden erfahren hatte, in Stillfried eine Kulturschicht mit Tierknochen, Kohlestückchen und Artefakten aus. 1880/1881 kamen beim Lössabbau an der gleichen Stelle weitere Teile der Kulturschicht an Tageslicht, worauf Much diese Fundstelle untersuchte. Danach haben verschiedene Sammler und Prähistoriker 1910, 1919, 1933, 1950 und um 1953 Artefakte geborgen. Ende der 1950er Jahre stieß man in einem Keller bei Erweiterungsarbeiten auf eine Fundschicht mit Tierknochen und Holzkohle. Auch bei der seit 1969 unter der Leitung des Wiener Prähistorikers Fritz Felgenhauer vorgenommenen systematischen Ausgrabung wurden mehrfach Artefakte geborgen und schließlich 1974 eine Rentierjägerstation entdeckt.

Häufig legten die Gravettien-Jäger ihre Lagerplätze und Siedlungen im Freiland in Nähe der großen Wildwechsel am Rande von Auenlandschaften an. Das Fleisch der getöteten Wildtiere

Gesichtsrekonstruktion eines Jungen aus Grab 2 von Sungir
bei Vladimir unweit der russischen Hauptstadt Moskau.
Foto: Murmure2013 / CC-BY-SA4.0 (via Wikimedia Commons),
lizensiert unter Creative-Commons-Lizenz by-sa-4.0-en,
https://creativecommons.org/licenses/by-sa/4.0/legalcode

dürfte meist an Holzstöcken oder Knochen großer Säugetiere aufgespießt, über offenem Feuer gebraten worden sein. Größere Stücke rohen oder gebratenen Fleisches hat man vermutlich mit scharfkantigen Feuersteinwerkzeugen zerteilt. Außer Fleisch spielte wahrscheinlich eine große Zahl essbarer Früchte, Beeren, Kräuter und Samen, die von den Frauen und Kindern gesammelt wurden, eine wichtige Rolle bei der Ernährung.

Im Gegensatz zum vorhergehenden Aurignacien liegen aus dem Gravettien in Osterreich keine Funde von Schmuckschnecken aus außerösterreichischen Gebieten vor, die auf Tauschgeschäfte hindeuten. Vielleicht ist dies aber nur eine Fundlücke und kein Beweis für fehlende Tauschgeschäfte.

Da die Menschen des Gravettien in Österreich während einer Kaltzeit der Würm-Eiszeit lebten, trugen sie sicher wärmende Kleidung: Dies ist für diese Zeit in Italien (Arene Candide) und Russland (Sungir bei Wladimir) archäologisch belegt.

Ein in der Höhle Arene Candide an der ligurischen Küste nahe der Stadt Finale Ligure in der italienischen Provinz Savona bestatteter Mann wird wegen seiner reichen Grab-beigaben als „Prinz" bezeichnet. Der Tote lag ausgestreckt in einer Schicht aus rötlichem Ocker. Er trug einen Pelzumhang aus rund 400 senkrecht angeordneten Eichhörnchenfellen. Seinen Kopf umgaben Hunderte durchbohrter Schneckengehäuse und Eckzähne von Hirschen (Hirschgrandeln), die vielleicht von einem Hut oder einer Maske stammten. Zu den Grabbeigaben gehörten Gehänge aus Mammutelfenbein und Lochstäbe aus Hirschgeweih.

Manche Bestattungen von Sungir bei Vladimir unweit der russischen Hauptstadt Moskau liefern Anhaltspunkte dafür, wie die damalige Ober- und Unterbekleidung aussah. Zwar war die Kleidung selbst nicht mehr erhalten, aber sie ließ sich aus der Lage des aufgenähten Schmuckes aus Tierzähnen, Mam-

Rekonstruktion eines Schmuckes nach Funden aus dem Gravettien von Grub-Kranawetberg bei Stillfried an der March in Niederösterreich. Foto: Wolfgang Sauber / CC-BY-SA4.0 (via Wikimedia Commons), lizensiert unter Creative-Commons-Lizenz by-sa-4.0-en, https://creativecommons.org/licenses/by-sa/4.0/legalcode

mutelfenbein und durchlochten Schnecken rekonstruieren.
Die Verteilung der Schmuckperlen aus fossilem Holz oder
Elfenbein bei der 1964 entdeckten Bestattung von Sungir zeigt,
dass dieser Mensch als Oberbekleidung eine Pelz- oder
Lederjacke ohne Vorderausschnitt trug. Als Unterbekleidung
diente eine Pelz- oder Wildlederhose, die vermutlich mit
leichten Schuhen zusammengenäht war. Letztere hatten
wahrscheinlich das Aussehen indianischer Mokassins und
dürften aus Tierleder angefertigt gewesen sein. Die Hose wurde
an den Knien und an den Knöcheln durch eine breite Schärpe
aus Leder zusammengezogen, die mit Perlen geschmückt war.
Zusätzliche Erkenntnisse über die damalige Kleidung und den
Schmuck konnte man an den 1969 geborgenen Bestattungen
von Sungir gewinnen. Demnach schützte man den Kopf durch
eine reich mit Perlen verzierte Pelzmütze. Die kurzgeschnittene
Oberbekleidung wurde vorn mit langen Nadeln aus Mammutelfenbein zugeknöpft. Auf der Brust trug man aus Knochen
gefertigten Schmuck. Hinzu kamen dünne Armbänder aus
Elfenbein und Ringe aus Knochen an den Daumen. Die Füße
waren mit Pelzstiefeln beschuht.
Wie die Gravettien-Leute in anderen Gebieten Europas dürften
sich auch die Jäger in Österreich mit durchbohrten Schmuckschnecken, die man auf die Kleidung aufnähte oder auf dünnen
Schnüren auffädelte und als Ketten trug, geschmückt haben.
In einer Behausung mit einer Feuerstelle am Kranawetberg in
Grub bei Stillfried an der March in Niederösterreich barg man
neben zahlreichen Steingeräten auch 49 Knochenperlen und
Perlenbruchstücke, die als Schmuck dienten. In Deutschland
gab es damals aus Mammutelfenbein geschnitzte Armringe.
Drei solche Schmuckstücke barg man in der Magdalenahöhle
bei Gerolstein in der Eifel. Die Rötelstücke aus dem Mießlingtal
bei Spitz lassen die Möglichkeit zu, dass sich die Gravettien-

Die Fundstelle Willendorf II an der Donau
in der Wachau (Niederösterreich) auf einem Foto vom 7. August 1908,
dem Tag, an dem die „Venus von Willendorf"
(auch „Venus I" genannt) entdeckt wurde.
Links der Wiener Prähistoriker Josef Bayer (1882–1931).
Foto: Naturhistorisches Museum Wien, Prähistorische Abteilung

Leute wie die nordamerikanischen Indianer bei bestimmten Gelegenheiten das Gesicht und den Körper bemalten. Daneben haben sie wohl auch verschiedene Gegenstände und vielleicht sogar die Zeltdächer damit verschönert. Österreich gehörte im Gravettien zu dem riesigen, von Russland bis nach Frankreich reichenden Verbreitungsgebiet der für diese Kulturstufe typischen üppigen Frauenfiguren („Venusfiguren") aus Stein, Knochen oder Elfenbein. Als eines der bekanntesten Kunstwerke dieser Art gilt die am 7. August 1908 am niederösterreichischen Fundort Willendorf II entdeckte steinerne „Venus von Willendorf". Sie wurde bei einer Ausgrabung unter der Oberleitung von Josef Szombathy geborgen, an der sich auch Josef Bayer und Hugo Obermaier beteiligten. Szombathy war Kustos der „Prähistorischen Abteilung" des „Naturhistorischen Hofmuseums" in Wien, der 25-jährige Bayer seit 7. Juni 1908 Volontär am Hofmuseum und Obermaier freiwilliger Helfer. Einer Legende zufolge hielten sich Szombathy, Bayer und Obermaier zum Zeitpunkt der Entdeckung der „Venus von Willendorf" durch einen Arbeiter namens Johann Veran zufällig in einem nahen Gasthaus auf. Obwohl angeblich keiner der drei Prähistoriker wirklich Augenzeuge des Fundes gewesen sein soll, stritten sie später darüber, wer der wahre Grabungsleiter und somit auch der Finder sei. Der Arbeiter hatte die „Venusfigur" im ersten Augenblick für einen merkwürdigen Stein gehalten. Als er ihn mit seinem Taschentuch abrieb, erkannte er, dass er wie eine dicke Frau aussah. Er zeigte den seltsamen Fund zunächst seinen Kollegen und später angeblich Josef Szombathy. Vor lauter Aufregung über diese ungewöhnliche Entdeckung hatte man nicht genau darauf geachtet, aus welcher der insgesamt neun Kulturschichten der Fundstelle Willendorf II die „Venus" zum Vorschein gekommen war. Die unterste und somit älteste Schicht 1 datiert

„Venus von Willendorf" („Venus I") von der Seite.
Original im Naturhistorischen Museum Wien.
Foto: Matthias Kabel / CC-BY-SA-3.0 (via Wikimedia Commons),
lizensiert unter Creative-Commons-Lizenz by-sa-3.0-en,
https://creativecommons.org/licenses/by-sa/3.0/legalcode

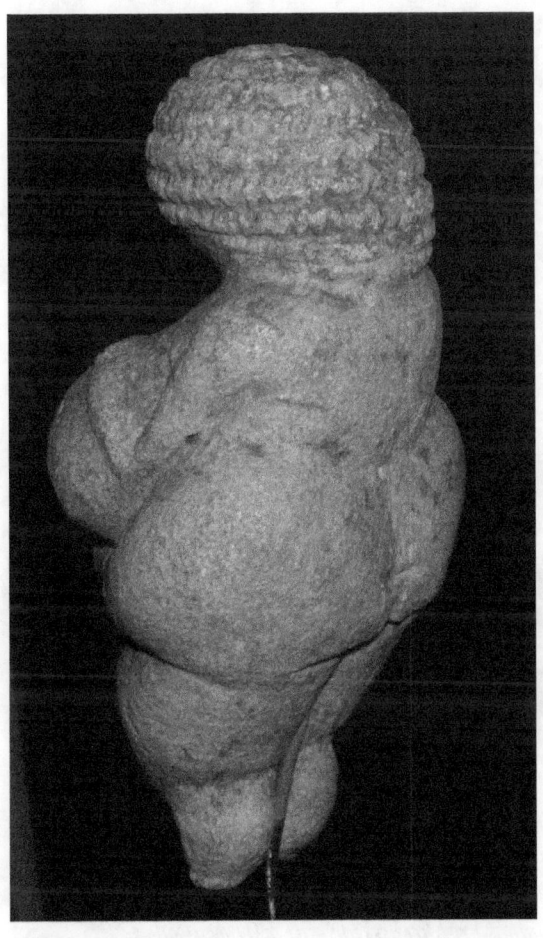

„Venus von Willendorf" („Venus I") von hinten.
Original im „Naturhistorischen Museum Wien".
Foto: Don Hitchcock/ CC-BY-SA3.0 (via Wikimedia Commons),
lizensiert unter Creative-Commons-Lizenz by-sa-3.0-de,
https://creativecommons.org/licenses/by-sa/3.0/legalcode

146

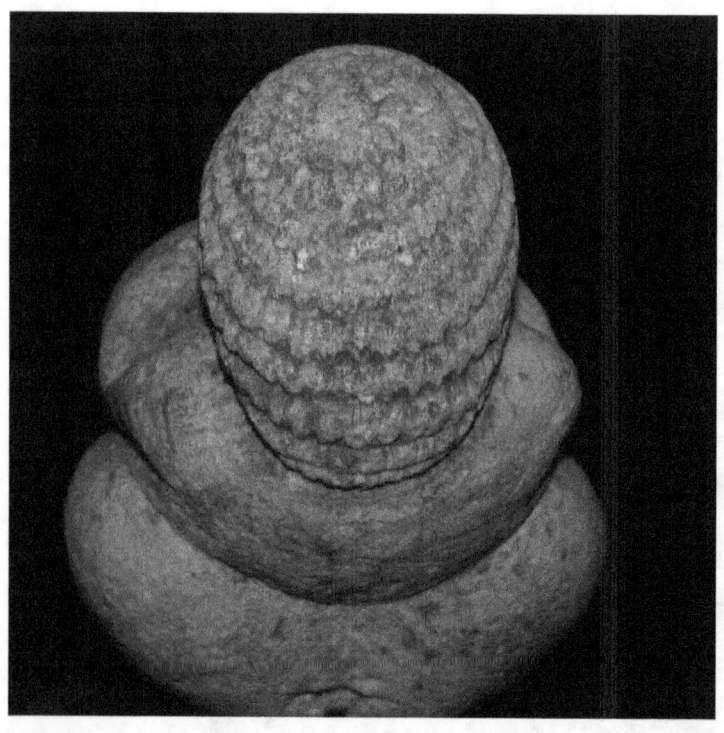

Hinterkopf der „Venus von Willendorf" („Venus I").
Original im „Naturhistorischen Museum Wien".
Foto: Don Hitchcock / CC-BY-SA3.0 (via Wikimedia Commons),
lizensiert unter Creative-Commons-Lizenz by-sa-3.0-de,
https://creativecommons.org/licenses/by-sa/3.0/legalcode

man ins Moustérien, die Schichten 2 bis 4 ins Aurignacien und die Schichten 5 bis 9 ins Gravettien. Szombathy informierte sich über die Fundumstände, notierte Schicht 7 in sein Tagebuch, korrigierte jedoch später diese Angabe und trug Schicht 9 ein. Noch heute wird der Fund der neunten, also chronologisch jüngsten Schicht zugeordnet. Für die „Venusfigur" ließ Szombathy eine rotbraune Lederschatulle mit in Gold geprägter Aufschritt anfertigen. Der Text lautet: „Willendorf II. 9. Schichte. 7. August 1908. J. Szombathy. Dr. J. Bayer. Dr. H. Obermaier."

Die 1908 entdeckte „Venus I" von Willendorf ist 10,3 Zentimeter hoch und besteht – wie man erst seit 2007 weiß – aus dem Gestein Oolith (Eierstein), das aus der mährischen Lagerstätte Stránska Skála stammen könnte. Die Plastik stellt eine nackte Frau in aufrechter Haltung dar, die einen runden Kopf mit einer seltsamen, durch mehrere Wülste angedeuteten „Haartracht" besitzt. Am Gesicht sind weder Augen noch Ohren, Nase, Mund und Kinn zu erkennen. Auffällig sind die Hängebrüste, der Spitzbauch, die stark betonten Genitalien, das dicke Gesäß und die breiten Oberschenkel. Die Füße fehlen hier ebenso wie bei anderen „Venusfiguren". Farbreste weisen darauf hin, dass die ganze Figur ursprünglich rot gefärbt war. Lange Zeit gab man das geologische Alter der „Venus von Willendorf" mit etwa 25.000 Jahren an. Neuerdings heißt es, sie sei ungefähr 29.500 Jahre alt.

Eine weitere Frauenfigur – „Venus II" genannt – wurde bei Ausgrabungen unter der Leitung von Josef Bayer vom Juni bis Juli 1926 ebenfalls am Fundort Willendorf II geborgen. Sie kam in Schicht 5 ans Tageslicht, besteht aus Mammutelfenbein, maß ursprünglich 30 Zentimeter Länge und hat die Gestalt einer grob stilisierten, schlanken Frau. Diese „Venus" ruhte auf dem rechten Ast eines Mammutunterkiefers, der in

148

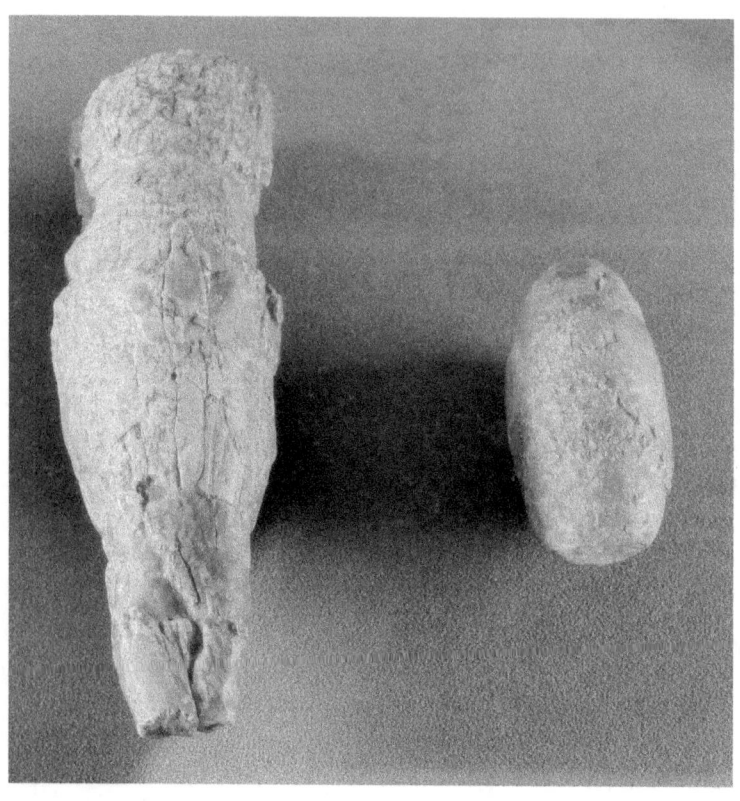

*1926 entdeckte „Venus II" (links) und umstrittene „Venus III" (rechts)
von Willendorf in der Wachach (Niederösterreich).
Foto: Matthias Kabel / CC-BY2.5 (via Wikimedia Commons),
lizensiert unter Creative-Commons-Lizenz by-2.5,
https://creativecommons.org/licenses/by/2.5/legalcode*

einer Grube lag. Kopf und Fußspitze dieser Figur sind schon in der Altsteinzeit abgebrochen, daher ist sie nur noch 23,2 Zentimeter lang. Die Fundlage in der ältesten Gravettien-Schicht von Willendorf II zeigt, dass die zweite „Venus" früher geschnitzt wurde als die zuerst geborgene. Umstritten ist die Deutung eines merklich kleineren Elfenbeinstückes mit Bearbeitungsspuren als „Venus III".

Nach dem Tod von Josef Bayer, der im Juli 1931 einem Krebsleiden erlag, wollte eine ehemalige Mitarbeiterin von ihm die Streitfrage klären, wer tatsächlich die 1908 geborgene „Venus I" von Willendorf entdeckt hat. Aus diesem Grund wurde am 25. Januar 1932 beim Notar Dr. Hans Gärtner in Spitz an der Donau ein Protokoll mit ehemaligen Grabungshelfern in Willendorf aufgenommen. Der Arbeiter Karl Heis erklärte, Bayer habe „cirka im Juli" 1908 mit Grabungen in Willendorf begonnen und hierfür ungefähr 12 bis 15 Arbeiter, darunter auch ihn, eingestellt. Von diesen Arbeitern seien inzwischen die meisten schon gestorben. Die Grabungshelfer hätten keinen anderen als Bayer gekannt. Kein anderer habe Arbeiter eingestellt, ihnen etwas angeschafft oder sie bezahlt. Nur Bayer und dessen Arbeiter hätten gegraben. „Am 8. oder 9. Tag" sei die „Venus" um „zirka halb zehn bis zehn Uhr" vormittags geborgen worden. Heis hat den Fund nicht gesehen, „weil er mit der Schreibtruhe gefahren" ist. Er glaube, dass ein Arbeiter die „Venus" entdeckt habe, der den Fund sofort Bayer meldete. Bayer habe sich sehr darüber gefreut, die Arbeit einstellen lassen und die Grabungshelfer ins Wirtshaus geschickt, wo er ihnen „eine Jause zahlte". Nach der Entdeckung seien die Grabungen bis „zirka Ende August" fortgesetzt worden.

Im September 1955 erfolgte eine systematische Grabung an der Fundstelle „Willendorf II" durch den Prähistoriker Fritz Felgenhauer. 1959 veröffentlichte er alle bis dahin dort geborgenen Funde in einer umfangreichen Monographie. Wegen der großen wissenschaftlichen Bedeutung der „Venus I" stellte man 1978 an deren Fundort ein Denkmal auf, das die 1908 entdeckte Frauenfigur zeigt. Anlässlich des 100. Jahrestages der Entdeckung der „Venus von Willendorf" erschien 2008 das Buch „Venus" der Prähistoriker Walpurga Antl-Weiser und Anton Kern sowie des Fotografen Lois Lammerhuber. Darin erfuhr man interessante Einzelheiten über die Entdeckungsgeschichte. Dem erwähnten Buch zufolge war Josef Szombathy am Abend des 6. August 1908 mit dem Schiff auf der Donau von Wien nach Aggsbach gereist. Am nächsten Morgen fuhr er mit einem Fuhrwerk nach Willendorf. Während der Grabung am Vormittag des 7. August 1908 saß Szombathy nicht im Wirthaus, wie die Legende behauptete, sondern ging hinter den Arbeitern auf und ab, um zu beobachten, wie Funde freigelegt wurden. Nachdem der Arbeiter Johann Veran auf die Figur gestoßen war, sah Szombathy als Erster den Fund und zeigte sie Josef Bayer.

Szombathy ließ sich nicht anmerken, dass ein Sensationsfund geglückt war und bezeichnete die Figur als „Lösskindl", worunter man eine Kalkkonkretion versteht, die eine eigenartige Form annehmen kann. Der Kustos fotografierte die Fundstelle und ging mit Bayer in ein Gasthaus. Dort wuschen sie die Figur und bemerkten, dass sich rote Farbe davon löste. Bereits kurz nach der Entdeckung schätzte Szombathy den Wert der Figur auf ein Zehnfaches des Jahresgehaltes von Bayer.

1909 fertigte man Abgüsse der Figur aus Willendorf an und stellte sie wissenschaftlichen Institutionen zur Verfügung. Die internationale Presse informierte man erst 1910 über den ungewöhnlichen Fund. Szombathy präsentierte die „Venus von Willendorf" 1909 auf einem Fachkongress in Posen. Hugo

Obermaier, der – laut der Prähistorikerin Walpurga Antl-Weiser – „einen nicht unerheblichen Teil der wissenschaftlichen Verantwortung bei der Ausgrabung trug", fühlte sich nach diesem Alleingang von Szombathy gekränkt. Der deutsche Prähistoriker war ursprünglich dafür vorgesehen, über die Ausgrabung zu berichten. Statt dessen vertröstete man ihn auf eine gemeinsame Präsentation aller drei an der Entdeckung beteiligten Prähistoriker. „So kann man sehen, dass Männer auch noch über die ältesten Frauen der Welt zu streiten imstande sind", schrieb Walpurga Antl-Weiser.

Außer den Frauenfiguren „Venus I" und „Venus II" von der Fundstelle Willendorf II wird in der Fachliteratur nur noch ein aus Mammutelfenbein angefertigter Pfriem mit eingeritztem Fischgrätenmuster aus Aggsbach an der Donau als Gravettien-Kunstwerk in Österreich aufgeführt. Höhlenmalereien gab es damals in Österreich offensichtlich nicht.

Ab dem Gravettien kam in Frankreich (Gargas) und in Italien (Paglicchöhle) der Brauch auf, menschliche Handabdrücke in Farbe an den Wänden von Höhlen und Halbhöhlen zu verewigen. Negative Handabdrücke entstanden dabei durch Auftupfen von Farbe rund um die auf den Felsen gelegte Hand. Positive Handabdrücke dagegen fertigte man durch Aufdrücken der mit Farbe beschmierten Hand an. Derartige Handabdrücke mit schwarzer, roter oder schwarzbraun-ockerner Farbe fand man einzeln oder in Gruppen.

Vermutlich verweisen diese Handabdrücke auf Initiationsriten, bei denen die Jugendlichen feierlich in den Kreis der Erwachsenen aufgenommen wurden. Zu mancherlei Spekulationen geben vor allem jene Handabdrücke Anlass, bei denen Finger oder Fingerglieder fehlen. Dies führte zu der Annahme, ähnlich wie bei bestimmten afrikanischen, indianischen und australischen Naturvölkern seien aus rituellen Gründen Finger

Menschliche Handabdrücke in der Höhle von Gargas
bei Aventignan im französischen Département Hautes-Pyrénées.
Foto: Locutus Borg (via Wikimedia Commons),
Lizenz: gemeinfrei (Public domain)

abgetrennt worden. Beispielsweise als Opfergabe für die Abwehr von Krankheit und Tod oder aus Trauer beim Tod eines Kindes, Gatten oder Häuptlings.

Die fehlenden Finger oder Fingerglieder lassen sich aber auch durch Erfrierungen in strengen Wintern, Krankheit oder Unglücksfälle erklären. Der französische Prähistoriker Henri Breuil (1877–1961) stellte fest, dass es sich meistens um Abdrücke der linken Hand handelte. Demnach hätte ein Rechtshänder die linke Hand auf die Höhlenwand gedrückt und mit der rechten Hand ummalt. Der Pariser Prähistoriker André Leroi-Gourhan (1911–1985) meinte dagegen, es seien lediglich die Handrücken mit bestimmten nach innen gebogenen Fingern an die Höhlenwand gelegt worden. Denkbar sei aber auch, dass ein Schamane die Handabdrücke bei bestimmten Feierlichkeiten herstellte.

Manchmal ließen sich sogar Handabdrücke von zwei- bis dreijährigen Kindern beobachten. Die Kleinen sind – nach der Höhe der Abdrücke zu schließen – von Erwachsenen hochgehoben worden.

In österreichischen Höhlen konnten bisher keine solchen Handabdrücke nachgewiesen werden. Entweder gab es in dem riesigen Verbreitungsgebiet des Gravettien von Russland bis nach Spanien regionale Unterschiede im Kult, oder solche Handabdrücke sind in Österreich allesamt durch die Witterungsunbilden der letzten Eiszeit zerstört worden.

Die Steinwerkzeuge der Gravettien-Leute werden den Klingen-Industrien zugerechnet. Als besonders charakteristisch gelten die bereits erwähnten Gravette-Spitzen mit einer dünnen Spitze und einer abgestumpften Längskante. Derartige Gravette-Spitzen kennt man unter anderem von den niederösterreichischen Fundorten Aggsbach, Stillfried und Willendorf II.

Auf dem Arbeitsplatz eines Steinschlägers in Stillfried an der

March wurden nicht nur zahlreiche fertige Gravette-Spitzen gefunden, sondern auch die als Rohmaterial dienenden, 6 bis 10 Zentimeter großen Steinknollen, die davon abgeschlagenen Lamellen und verschiedene Zwischenstufen von Gravette-Spitzen. Besonders wichtig ist die Entdeckung einer Rentiergeweihstange, die als eine Art von Zwingenschäftung benutzt worden ist. Man steckte die halbfertigen Steinklingen in die Rillen der Geweihstange, um diese bei der Retuschierung besser halten zu können. Eine solche Halterung bei der Herstellung von Steinspitzen hatte man schon lange vermutet, nun aber erstmals nachgewiesen.

Eine beachtliche Kollektion von Feuersteinwerkzeugen aus dem Gravettien hat der Pressezeichner und Sammler Ladislaus Kmoch (1897–1971) aus Bisamberg gemeinsam mit seiner Ehefrau Theresia (1902–1987) auf Äckern von Klein-Wilfersdorf bei Korneuburg in Niederösterreich zusammengetragen. Derartigen Heimatforschern verdankt die österreichische Urgeschichtsforschung viele interessante Funde und wichtige Erkenntnisse. Im Fundgut aus dem Mießlingtal bei Spitz gibt es außer Klingen aus Feuerstein auch Stichel, Schaber und Feuersteinknollen (Nukleus), von denen man die zum Anfertigen von feineren Werkzeugformen erforderlichen kleineren Absplisse abgeschlagen hat. Die Feuersteinwerkzeuge dieses Fundortes wurden mit Klopfsteinen aus Quarz zurechtgehauen. Das Rohmaterial holte man von der nahen Donau, schaffte es ins Mießlingtal und verarbeitete es dort.

Dass man außer Stein auch anderes Material für Werkzeuge verwendete, belegt ein bearbeiteter Mammutstoßzahn aus Stillfried an der March, von wo der erwähnte Arbeitsplatz eines Steinschlägers bekannt ist.

Wie im Aurignacien dienten im Gravettien hölzerne Stoßlanzen und Wurfspeere als Waffen für die Jagd und möglicherweise

auch beim Kampf mit feindlichen Artgenossen. Die Speer-
schäfte stellte man aus langen, geraden Stämmchen von jungen
Bäumen her, deren Zweige und Unebenheiten mit scharfkantigen Feuersteinwerkzeugen entfernt wurden. Nach Ansicht
mancher österreichischer Prähistoriker trat spätestens im
Gravettien neben Lanze und Speer erstmals der Bogen als
präzise Fernwaffe. Sie interpretieren bestimmte Kerbspitzen
als Pfeilspitzen. Daneben könnte es Steinschleudern oder Bolas
(wofür Funde von offensichtlich gezielt aufgesammelten, gut
gerundeten Geröllen von etwa fünf Zentimeter Durchmesser
sprechen) und Wurfhölzer (eine Art von Bumerang) gegeben
haben.

Über die Bestattungssitten der Gravettien-Leute in Österreich
wusste man bis zur Entdeckung der Säuglingsbestattungen von
Krems-Wachtberg wenig, da vorher keine vollständig erhaltenen Gräber wissenschaftlich untersucht worden sind. Die
vernichteten vollständigen Skelette aus Krems-Hundssteig und
dem Mießlingtal bei Spitz beweisen aber zumindest, dass in
manchen Fällen Ganzkörperbestattungen üblich waren. Vom
Körper getrennte und isoliert bestattete Schädel, wie sie für
Kopfbestattungen bzw. den Schädelkult typisch sind, oder
Schädelbecher, wie man sie in der Tschechien kennt, fand man
bisher in Österreich nicht. Für die in anderen Teilen Europas
praktizierte Leichenzerstückelung sowie für rituell motivierten
Kannibalismus entdeckte man ebenfalls bis jetzt keine Anzeichen.

Wie im übrigen Europa huldigten die Gravettien-Leute in
Österreich einem Fruchtbarkeitskult, bei dem die zumeist
fettleibigen Frauengestalten eine wichtige, aber nicht genau
geklärte Funktion hatten. Die meisten Prähistoriker betrachten
„Venusfiguren" wie die von Willendorf als bewegliche
Heiligtümer, die einst Fruchtbarkeits- oder Muttergottheiten,

Ladislaus Gundaker Graf Wurmbrand (1838–1901).
Foto: Aufnahme vor 1901

wenn nicht Schutz- oder Hausgottheiten verkörperten. Der deutsche Prähistoriker Hermann Müller-Karpe (1925–2013) hielt sie dagegen eher für Darstellungen von tatsächlich lebenden Einzelmenschen in ihrer Beziehung zu einer übernatürlichen Macht.

Der Wiener Prähistoriker Josef Bayer deutete die Fundlage der elfenbeinernen „Venus II" von Willendorf II auf einem Mammutunterkiefer als Ausdruck des Kults. Er spekulierte, man habe sie sich als Göttin des Jagdglücks und der Fruchtbarkeit vorgestellt. Tatsächlich fanden sich in der Nachbarschaft dieser „Venus" weitere Mammutunterkiefer und -schulterblätter.

Mit dem Kult wird auch ein von Menschenhand bearbeiteter Bärenzahn von Gobelsburg-Zeiselberg in Niederösterreich in Zusammenhang gebracht. Die Oberfläche des Zahns ist mit quer zur Längsrichtung stehenden, leicht eingeritzten, 3 bis 5 Millimeter langen Strichen versehen, die reihenweise in regelmäßigen Abständen voneinander angeordnet sind. Da die Zahnwurzel durchlocht ist, wurde der Bärenzahn vielleicht als Amulett (oder nur als Körperschmuck) getragen. Vielleicht erhoffte sich der Besitzer, dass dadurch die Stärke des Bären auf ihn übertragen werde. In der Gegend von Gobelsburg-Zeiselberg wurden vier Fundstellen entdeckt. Die ältesten Ausgrabungen hat 1876/1877 Ladislaus Gundaker Graf Wurmbrand (1838–1901) aus Wien durchgeführt. Er war vor allem an Urgeschichte interessiert und beschrieb bekannte steirische Bärenhöhlen wie die Drachenhöhle bei Mixnitz, Große Badlhöhle und Kleine Peggauerhöhle sowie die dort vorgefundenen fossilen Säugetiere. Besonderes Gewicht legte er auf Artefakte eiszeitlicher Menschen.

Kamegg mit Burgruine Kamegg
in der Marktgemeinde Gars am Kamp im Waldviertel
in Niederösterreich.
Foto: Ansichtskarte um 1900 (via Wikimedia Commons),
Lizenz: gemeinfrei (Public domain)

Ein Schamane im Grubgraben

Das Epigravettien

Aus der Zeit vor ungefähr 20.000 bis 18.000 Jahren kennt man bisher aus Österreich und Deutschland nur wenige Hinweise auf die Anwesenheit von Sammlern und Jägern. Dieser Abschnitt des Eiszeitalters wird als Maximalvereisung (Hochglazial) oder Kältemaximum der Würm-Eiszeit (etwa 115.000 bis 10.000 Jahre) bezeichnet. Im lebensfeindlichen Hochglazial bedeckten Gletscher – mit Ausnahmen weniger eisfreier Gebiete – das Alpenvorland vom Bodensee bis nach Salzburg. Die Landstriche in West- und Ostdeutschland sollen zeitweise menschenleer oder zumindest dünn besiedelt gewesen sein. Ähnliche Verhältnisse könnten im Gebiet von Österreich geherrscht haben.

Während der Zeit der Maximalvereisung bzw. des Kältemaximums behaupteten sich in eisfreien Gegenden von Österreich die Menschen einer Kulturstufe, die Epigravettien (Spätgravettien) heißt. Wie der Name Epigravettien (epi = Vorsilbe mit der Bedeutung „darauf") verrät, handelte es sich um eine Kulturstufe nach dem Gravettien. Über die Zeitdauer des Epigravettien kursieren verwirrend viele Angaben. Die wenigen Fundstellen aus dem Epigravettien in Österreich hat man früher irrtümlich anderen Kulturstufen wie dem Aurignacien, Gravettien und Magdalénien zugeordnet.

Bereits vor mehr als einem Jahrhundert wurde man in Niederösterreich auf eine Fundstelle aufmerksam, die man

Heimatforscher Josef Höbarth (1891–1952).
Foto: Höbarth-Museum der Stadt Horn

heute dem Epigravettien zurechnet. Dabei handelt es sich um den Ort Kamegg in der Marktgemeinde Gars am Kamp im Waldviertel. Ein Landarzt aus Gars entdeckte bereits vor dem Ersten Weltkrieg (1914–1918) erste Funde. Der Postbeamte Josef Höbarth (1891–1952), den man vom Postdienst für die Tätigkeit am Museum in Horn freistellte, machte jene Funde bekannt.

Höbarth ist ein gutes Beispiel dafür, wie weit es ein engagierter Heimatforscher in der Archäologie bringen kann, wenn man ihn respektvoll behandelt und nicht bei seinen Aktivitäten behindert. Der Sohn eines Schmiedemeisters suchte und fand als Jugendlicher Fossilien und archäologische Objekte. Er eiferte dem Eichmeister und Heimatforscher Johann Krahuletz (1848–1928) aus Eggenburg nach. Als Schüler hielt er sich oft im „Krahuletz-Museum" in Eggenburg auf. Durch den Kontakt mit Prähistorikern eignete er sich fachliches Grundwissen in der Archäologie an. Im reiferen Alter galt Höbarth als Experte für die Mittelsteinzeit und die eisenzeitliche Hallstatt-Kultur. Dank seiner Grabungen entwickelte sich das 1930 nach ihm benannte „Höbarth-Museum" der Stadt Horn zu einem der größten und bedeutendsten Museum in Niederösterreich. Über Grabungen und Funde informierte er in der Zeitschrift „Fundberichte aus Österreich" des „Bundesdenkmalamtes" in Wien. Kurz vor seinem Tod erhielt er den Berufstitel Professor. In Horn erinnern die Josef-Höbarthgasse und ein Ehrengrab sowie in Wien-Floridsdorf die Höbarthgasse an ihn. In Österreich gilt offenbar der Prophet im Gegensatz zu anderswo doch etwas im eigenen Land.

Durch die Informationen von Höbarth über die Funde aus Kamegg wurde das Interesse des Wiener Prähistorikers Josef Bayer (1882–1931) an dieser Fundstelle geweckt. Er begann

Heimatforscher Johann Krahuletz (1848–1928) aus Eggenburg.
Foto: Krauletz-Museum, Eggenburg

am Samstagmorgen, 18. April 1931, auf dem Gelände einer
Ziegelei in Kamegg mit einer Grabung, die reiche Funde ans
Tageslicht brachte. Schon am Sonntagmorgen beendete der an
Krebs erkrankte 49-Jährige seine Grabung und wandte sich
einer anderen Fundstelle zu. Der Heimatforscher Josef
Höbarth wollte die Fundstelle weiter beobachten, doch Bayer
verbot ihm, Grabungen vorzunehmen. Erst nach dem Tod von
Bayer im Juli 1931 konnte Höbarth die Fundstelle wieder
untersuchen. Doch diese war zwischenzeitlich durch den
Ziegeleibetrieb weitgehend zerstört. 1934 veröffentlichte der
Wiener Prähistoriker Richard Pittioni (1906–1985) einen
knappen Bericht über die archäologischen Funde von 1931 aus
Kamegg. Vorher hatte es nur kurze Fundmeldungen gegeben.
In den 1950er Jahren publizierte der Bankdirektor Alois Gulder
(1900–1971) aus Wien einen kurzen Bericht. Nach Höbarths
Tod erschien eine Monographie des Prähistorikers Friedrich
Brandtner (1920–2000) über die Fundstelle Kamegg. Pittioni
und Gulder haben auf Verbindungen des Fundgutes von
Kamegg mit Fundstellen aus dem Magdalénien und Jungpaläolithikum hingewiesen. Brandtner dagegen plädierte für
eine Datierung ins Gravettien. 1984 erfolgte eine Probegrabung
durch die amerikanische Prähistorikerin Anta Montet-White.
Wegen einiger Datierungen mit der 14C-Methode vermutete
Montet-White dass die Funde aus Kamegg aus dem Epigravettien stammen.
Die in Kamegg geborgenen, teilweise angebrannten Tierknochen stammen vom Wildpferd, Rentier, Steppenbison,
Fellnashorn, Hasen und Schneehuhn. Menschliche Skelettreste
hat man nicht nachgewiesen. Zu den Steingeräten gehören
Klingen, Bohrer, Schaber und Kratzer. Das Rohmaterial hierfür
kam aus dem Umland sowie aus Mähren und aus dem

Oderbecken. Andere Geräte fertigte man aus Knochen und Geweihen von Rentieren an. Weitere Knochengeräte waren Spitzen und eine Nähnadel. Als Schmuckstücke dienten ein 11 Zentimeter langer und 6 Zentimeter breiter spindelförmiger Anhänger aus Amphibolit mit Resten roter Bemalung, ein Schieferstück mit angeblich parallelen Gravierungen, ein zerfallener Bernstein, Ocker, Rötel und Graphit zum Bemalen sowie Schneckengehäuse vom Balkan. Angeblich wurde auch eine Herdstelle mit Unterlage- und Sitzsteinen beobachtet. Der Prähistoriker Friedrich Brandtner spekulierte, die Jäger und Sammler, die in Kamegg lagerten, hätten sich im Sommer in Mähren und in Niederösterreich aufgehalten und im Winter im südöstlichen Wiener Becken. Eine Begründung hierfür lieferte er nicht. Wenn man die Herkunft der Rohstoffe für die Herstellung der Steingeräte berücksichtigt, ergäbe dies einen Aktionsbereich von nahezu 300 Kilometern.

Mit Datierungen zwischen 19.000 und 17.000 Jahren gehören die archäologischen Funde aus den Grabungen des Prähistorikers Friedrich Brandtner von 1985 bis 1990 im Grubgraben bei Kammern in Niederösterreich nach Ansicht der Prähistorikerin Anta Montet-White in das Epigravettien. Zum Fundgut im Grubgraben zählen außer einem Dutzend Nähnadeln teilweise mit kleinem Öhr und einem kleinen Lochstab mit Ritzverzierung auch Schmuckstücke (runde Anhänger, durchlochte Tierzähne, Schneckengehäuse), ein Spatel, Spitzen aus Mammutelfenbein, die als Zeltheringe dienten, ein Speerschleuder-Fragment, zwei Pfeifen mit jeweils einem Loch aus Zehengliedern eines Rentieres und eine 16 Zentimeter lange Knochenflöte mit drei Löchern aus dem Schienbein eines Rentieres. Die Flöte gilt als ältestes Musikinstrument in Österreich. Der Ausgräber Friedrich Brandtner deutete wegen dieser reichen und ungewöhnlichen Funde die Steinsetzungen und Feuerstellen im Grubgraben als Reste des länglichen Zeltes (Jurte) eines Schamanen. Nach dem Ableben von Brandtner lautete eine Überschrift „Der Tod des alten Schamanen".

Nach Ansicht des deutschen Prähistorikers Karl Josef Narr (1921–2009) werden Frühformen des Schamanismus für Westeuropa wohl erst ab etwa 25.000 Jahren greifbar. Laut dem „Enzyklopädischen Handbuch zur Ur- und Frühgeschichte Europas", Band II (L–Z), des tschechischen Historikers Jan Filip (1900–1980) war der urzeitliche Schamanismus vor allem auf die Jagd bezogen und deshalb hätten an ihm nur Männer teilgenommen. Erst aus der Jungsteinzeit seien in Sibirien weibliche Schamanen nachweisbar.

Im Taschenbuch „Rekorde der Urmenschen" (2008) von Ernst Probst wird die älteste Bestattung einer Schamanin (Priesterin, Zauberin) aus dem Gravettien in der Mammutjägersiedlung Dolni Vestonice (Unterwisternitz) in Tschechien erwähnt. Ihre besondere Stellung in der Gemeinschaft von Jägern und Sammlern sei aus der ungewöhnlichen Bestattung ersichtlich. Man habe das Grab der Frau mit zwei Mammutschulterblättern abgedeckt, um ihre schützenden Kräfte auf diese Weise der Gemeinschaft zu erhalten. Auf den Mammutschulterblättern seien zahlreiche Ritzlinien angebracht, die auf besondere rituelle Handlungen schließen ließen.

In „Rekorde der Urmenschen" heißt es auch, zu den frühesten Darstellungen von Schamanen gehörten menschenähnliche Gestalten mit tierischen Merkmalen aus dem Magdalénien (vor etwa 18.000 bis 11.500 Jahren) in Frankreich. Solche Motive seien in der Gallibou-Höhle in der Dordogne und aus der Höhle Trois Frères im Département Ariège bekannt. Der Schamane aus der Gallibou-Höhle trage eine Wisentmaske. In der Höhle Trois Fréres seien sogar drei solcher Mischwesen dargestellt,

*Geheimnisvolle Szene in der Höhle von Lascaux
bei Montignac im französischen Département Dordogne.
Ein Mensch mit vogelartigem Kopf
liegt vor einem mit einem Speer verwndeten Wisent.
Foto: Peter80 / CC-BY-SA3.0 (via Wikimedia Commons),
lizensiert unter Creative-Commons-Lizenz by-sa-3.0,
https://creativecommons.org/licenses/by-sa/3.0/legalcode*

von denen eines eine Hirschmaske und ein anderes eine Wisentmaske trage. Bei der dritten Gestalt entspreche der Oberkörper dem eines Menschen, der Oberkörper dagegen einem zurückblickenden Wisent.

Auch eine geheimnisvolle Szene in der Höhle von Lascaux bei Montignac in der Dordogne soll angeblich einen Schamanen zeigen. Allerdings wurde dieses Bild auch als älteste Darstellung eines Jagdunfalles gedeutet. Vor einem mit einem langen Speer verwundeten Wisent, der seine Eingeweide verliert, liegt starr vor Schreck, verwundet oder tot ein Mensch mit vogelartigem Kopf und erigiertem Penis. Rechts von ihm sitzt ein Vogel auf einer Stange. Die rätselhafte Szene, über die viel spekuliert wird, befindet sich im weit vom Eingang entfernten stockdunklen Schacht. Der Künstler musste sich sechs Meter tief an einem Seil herunterlassen und im Schein von Lampen malen. Hier könnte sich das Allerheiligste der Höhle von Lascaux befunden haben.

Die ältesten Masken von Schamanen aus der Mittelsteinzeit vor etwa 10.000 bis 7.000 Jahren wurden – laut „Rekorde der Urmenschen" – 1987/1988 im Erfttal bei Bedburg (Nordrhein-Westfalen) in Westdeutschland entdeckt. Es sind zwei Rothirschgeweihe mit teilweise anhängendem Schädeldach. Letzteres weist in beiden Fällen zwei Löcher auf, durch die ein Lederband oder eine Schnur gezogen werden konnte. Derartiger Kopfschmuck mit vielleicht noch anhängendem Fell wurde von Schamanen bei ekstatischen Tänzen getragen, wenn sie Krankheiten vertreiben oder um reiche Jagdbeute bitten wollten. Die beiden Hirschschädelmasken aus dem Erfttal werden in die frühe Mittelsteinzeit vor etwa 10.000 Jahren datiert. Ähnliche Funde aus jüngerer Zeit kennt man aus England (Star Carr) und Deutschland (Hohen Viecheln und Plau in Mecklenburg sowie Berlin-Biesdorf).

Tanzender Schamane (Zauberer) mit Hirschschädelmaske.
Zwei solcher Masken wurden 1987/1988 im Erfttal bei Bedburg
(Nordrhein-Westfalen) in Westdeutschland entdeckt.
Zeichnung: Fritz Wendler (1941–1995)
für das Buch „Deutschland in der Steinzeit" (1991)
von Ernst Probst

*Die Schamanen der sibirischen Tungusen tanzten
noch im frühen 18. Jahrhundert in ähnlich abenteuerlicher Aufmachung
wie mittelsteinzeitliche Zauberer.
Die Zeichnung zeigt einen Schamanen der Tungusen,
wie ihn der holländische Reisende Nicolaas Witsen (1641–1717)
beobachtet hat.*

In ähnlich abenteuerlicher Aufmachung wie die mittelstein-zeitlichen Schamanen tanzten noch im im frühen 18. Jahrhundert Schamanen der Tungusen in Sibirien. Eine Zeichung aus jener Zeit zeigt einen Schamanen der Tungusen, wie ihn der holländische Reisende Nicolaas Witsen (1641–1717) mit eigenen Augen beobachtet hat.

Analysen der im Grubgraben bei Kammern vorgefundenen Tierknochen lieferten Hinweise auf die Jagd- und Zerlegungstechnik der Rentier- und Pferdejäger. Offenbar wurden nur der Schädel und die Beine eines erlegten Wildpferdes ins Basislager getragen. Die anderen Teile hat man bereits am Jagdplatz zerteilt und verzehrt.

Als erster machte 1870 Ladislaus Gundaker Graf Wurmbrand (1838–1901) aus Wien auf die Fundstelle Grubgraben bei Kammern aufmerksam. Graf Wurmbrand war von 1884 bis 1893 und 1896/1897 Landeshauptmann der Steiermark. Der Grubgraben befindet sich zwischen den Bergen Heiligenstein und Gaisberg. Am Grubgraben erfolgten 1922 Grabungen durch den Wiener Prähistoriker Josef Bayer, eine systematische Erforschung auf Initiative des Geologen und Prähistorikers Friedrich Brandtner von 1985 bis 1987 durch die Prähistorikerin Anta Montet-White (Universität Kansas) sowie 1989/ 1990 Grabungen durch Brandtner und den tschechischen Prähistoriker Bohuslav Klima.

Irgendwann in der Zeit zwischen 19.000 und 17.000 Jahren haben offenbar eiszeitliche Jäger und Sammler auch im Wäschbachtal im hessischen Wiesbaden-Igstadt in Deutschland gelagert. Neun 14C-Datierungen und zwei TL-Datierungen in Oxford ergaben dieses Alter. Demnach könnten die Funde von Wiesbaden-Igstadt aus dem Epigravettien stammen. Bis dahin hatte man geglaubt, das Rheinland sei in der Zeit um das

Kältemaximum der letzten Eiszeit eine nicht oder sehr schwach besiedelte „Kältewüste" gewesen.

Die Freilandstation Wiesbaden-Igstadt wurde von dem Hobby-Archäologen Albert Kratz aus Wiesbaden entdeckt, der seit 1985 planmäßig die Fluren entlang des Wäschbachtales begeht. Im Oktober 1991 erfolgte die erste dreiwöchige Sondage. Danach nahm der Prähistoriker Thomas Terberger im Sommer 1992 und im Sommer 1995 Grabungen vor. Die Verbreitung der Steinartefakte auf einer Fläche von mehr als 60 Quadratmetern lässt auf drei Fundkonzentrationen schließen. Zwei davon lagen um eindeutige Feuerstellen, die man wegen angebrannter Knochen und der Knochenkohle erkannte. Zum Fundgut von Wiesbaden-Igstadt gehören insgesamt 2.691 Steinartefakte mit einem Gesamtgewicht von 6.685 Gramm. Mehr als 99 Prozent davon wurden aus Chalzedon hergestellt, das im Umkreis von maximal 20 Kilometern beschafft werden konnte. Tertiärquarzit, Hornstein und ein unbestimmter Silex könnten aus größerer Entfernung stammen. Ein Abschlag aus Opal ist mit Material aus dem Siebengebirge vergleichbar. Neben Steinartefakten hat man auch Knochen, Hämatitreste und Muschelschalen (darunter ein Depot) geborgen.

Namengebender Fundort für die Kulturstufe Magdalénien:
Abri La Madeleine im Tal der Vézère bei Tursac
im französischen Département Dordogne.
Foto: Thilo Parg / CC-BY-SA4.0 (via Wikimedia Commons9,
lizensiert unter Creative-Commons-Lizenz by-sa-4.0,
https://creativecommons.org/licenses/by-sa/4.0/legalcode

Rentierkopf auf Adlerknochen

Das Magdalénien

Vor etwa 20.000 bis 18.000 Jahren stießen die alpinen Gletscher viel weiter als jemals zuvor in der Würm-Eiszeit ins österreichische Alpenvorland vor. Diese Zeitspanne wird als Hochglazial oder Maximalvereisung der Würm-Eiszeit bezeichnet. Damals rückte der Inn-Gletscher bis vor Gars am Inn nördlich von Rosenheim vor. Der Salzach-Gletscher endete zwischen Tittmoning und Burghausen. Die Ausläufer des Traun-Gletschers reichten bis an die Nordenden der Salzkammergutseen Irrsee, Attersee und Traunsee.

Dagegen endete der Phyrn-Gletscher weiter östlich infolge der an Höhe abnehmenden und niederschlagsärmeren östlichen Ostalpen bereits tief im Gebirge bei Windischgarsten, ebenso auch der Enns-Gletscher (im Gesäuse) und der Mur-Gletscher bei Judenburg. Der Drau-Gletscher füllte noch einen großen Teil des Klagenfurter Beckens. Östlich dieses Eisstromnetzes gab es nur noch in den isolierten höheren Gebirgsstöcken Hochschwab, Rax, Schneeberg, Koralpe, Saualpe und andere eine entsprechende Lokalvergletscherung.

In den von mächtigem Gletschereis begrabenen Gebieten vermochte sich kein pflanzliches und tierisches Leben zu behaupten. Auch Menschen konnten in dieser trostlosen Eiswüste nicht existieren.

Erst nach dem Abschmelzen der Eismassen, das mit allmählicher Erwärmung vor etwa 18.000 Jahren einsetzte,

Silberwurz (Dryas octopetala).
Foto: Jörg Hempel / CC-BY-SA3.0-DE (via Wikimedia Commons),
lizensiert unter Creative-Commons-Lizenz by-sa-30-de
https://creativecommons.org/licenses/by-sa/3.0/de/legalcode

wanderten in Österreich wieder Jäger und Sammler ein. Sie kamen aus Gebieten, in denen es keine großräumigen Vereisungen gab. Die Neuankömmlinge werden der Kulturstufe Magdalénien zugerechnet, die in Österreich vermutlich vor etwa 15.000 bis 11.500 Jahren existierte.

Der Begriff Magdalénien wurde 1869 von dem französischen Prähistoriker Gabriel de Mortillet (1821–1898) eingeführt. Benannt wurde es nach dem Abri La Madeleine im Tal der Vézère bei Tursac im Département Dordogne (Frankreich). Ursprünglich hat man das Magdalénien auch das „Zeitalter der Rentiere" genannt, weil damals vor allem Rentiere erlegt wurden.

Als Sondergruppen des Magdalénien gelten das Creswellien in England sowie das Swiderien in Polen und Ungarn. Der Name Creswellien fußt auf den Funden aus der Höhle „Mother-Grundy's Parlour" in Creswell Crags, einem gebirgigen Gebiet in Derbyshire (England). Namengebender Fundort für das Swiderien ist die Freilandstation Swidry Wielkie bei Warschau in Polen. In Osteuropa lebte das Gravettien in Form des Spätgravettien fort.

Der auf das Hochglazial folgende, noch überwiegend kaltzeitliche Abschnitt wird nach der häufig in den damaligen Tundren vorkommenden Silberwurz *(Dryas octopetala)* als älteste Dryas-Zeit oder älteste Tundrenzeit (vor etwa 15.000 bis 13.000 Jahren) bezeichnet.

Während der sich abschwächenden Kaltphase schmolzen die Alpengletscher bereits etappenweise zurück. So reichte beispielsweise der Inn-Gletscher im Bühlstadium vor etwa 15.000 Jahren nur noch bis Kufstein in Tirol. Der Begriff Bühlstadium wurde 1909 durch den Berliner Geographen Albrecht Penck (1858–1945) und den damals in Wien wirkenden deutschen

Geographen Eduard Brückner (1862–1927) eingeführt. Das Bühlstadium ist nach Endmoränen im Raum Kirchbichl-Kufstein benannt.

Die nachfolgende Erwärmung sorgte dann für ein sehr rasches Abschmelzen der Gletscher bis in die innersten Alpentäler, wobei es nochmals zu kurzen Gletschervorstößen kam, die als Steinachstadium (vor etwa 14.000 Jahren) und Gschnitzstadium (vor etwa 13.000 Jahren) bezeichnet werden. Der Name Steinachstadium wurde 1950 durch den Innsbrucker Geologen Raimund Graf von Klebelsberg (1886–1967) geprägt. Er hatte bei Steinach am Brenner geologische Spuren von Gletscherständen erkannt. Den Begriff Gschnitzstadium haben 1909 Albrecht Penck und Eduard Brückner vorgeschlagen. Das Gschnitz-stadium ist nach dem Endmoränenbogen bei Trins im vorderen Gschnitztal benannt.

In der ältesten Dryas breiteten sich im Vorfeld der alpinen Gletscher baumlose Zwergstrauchtundren aus, in denen neben der Silberwurz auch Zwergbirken, Zwergweiden, Heidekraut und Alpenazaleen wuchsen. In dieser Landschaft lebten Mammute, Fellnashörner, Wildpferde, Rentiere und Riesenhirsche. Letztere trugen Geweihe mit einer Spannweite bis zu drei Metern.

Mit den folgenden sehr ausgeprägten Warmphasen des Bölling-Interstadials (vor etwa 13.000 bis 12.000 Jahren) und des Alleröd-Interstadials (vor etwa 11.700 bis 10.700 Jahren) setzte dann die allgemeine Klimaverbesserung ein. Sie führte rasch – beginnend mit Birken- und Kiefernwäldern – zur Wiederbewaldung bis tief in die Alpen hinein.

Daran änderten auch kurze Rückschläge nicht viel. Der erste erfolgte vor etwa 12.000 Jahren durch die Gletschervorstöße des Daunstadiums und wurde vermutlich durch eine kurze Abkühlung während der älteren Dryas (vor etwa 12.000 bis

11.700 Jahren) bewirkt. Auch den Begriff Daunstadium haben Albrecht Penck und Eduard Brückner 1909 vorgeschlagen. Er basiert auf mehrstaffeligen Moränen bei Ranals im hinteren Stubaital. Der zweite Rückschlag vor etwa 10.000 Jahren wurde durch die Gletschervorstöße des Egesenstadiums während der jüngeren Dryas (vor etwa 10.700 bis 10.000 Jahren) ausgelöst. Das Egesenstadium ist 1929 durch den Innsbrucker Geographen Hans Kinzl (1898–1979) in den Stubaier Alpen erkannt worden. Es wurde nach dem Egesengrat im Talschluss des Stubai bezeichnet.

Im Bölling gab es noch Wölfe, Wisente, Auerochsen, Wildpferde, Rentiere und Rothirsche. Mammute und Fellnashörner waren fast ausgestorben. In der älteren Dryas existierten bereits keine Mammute und Fellnashörner mehr. Im Alleröd waren auch die Wildpferde und Rentiere verschwunden, in den Wäldern lebten jetzt Elche, Rothirsche und Auerochsen.

Von den Menschen aus dem Magdalénien sind bisher in Österreich keine Skelettreste gefunden worden. Deshalb kann man über ihr Aussehen und ihre Körpergröße keine konkreten Angaben machen. Wahrscheinlich waren sie ebenso groß wie die Menschen des Magdalénien in Deutschland, wo die Männer etwa 1,60 Meter und die Frauen bis zu 1,55 Meter groß waren. Im Vergleich mit den zahlreichen Siedlungsspuren aus dem vorhergehenden Gravettien hat man aus dem Magdalénien in Österreich auffällig wenig Siedlungsreste entdeckt. Dies deutet zusammen mit dem erwähnte Fehlen von Skelettresten darauf hin, dass die Bevölkerungsdichte Österreichs im Magdalénien geringer war als im Gravettien. Nach den Funden zu schließen, müssten die Magdalénien-Leute vor allem in Höhlen gewohnt haben. Auch dies steht im Gegensatz zu den Funden aus dem Gravettien, die zumeist aus dem Freiland stammen.

Höhlenwohnungen aus dem Magdalénien kennt man aus Niederösterreich (Frauenlucken, Gudenushöhle, Teufelslucken) und aus der Steiermark (Emmalucke, Steinbockhöhle). Nach den verhältnismäßig wenigen Funden zu urteilen, scheinen die Höhlen allesamt nicht lange besiedelt worden zu sein. In der Höhle Frauenlucken bei Schmerbach hat 1919 der Naturforscher Heinrich E. Wichmann (1889–1967) aus Fischau (heute Bad Fischau-Brunn) gegraben und erste Funde geborgen. Er hat später am „Biologischen Institut" in München gearbeitet, ein Mittel gegen Borkenkäfer erfunden und dafür von der „Deutschen Forstbehörde" in München den Professorentitel erhalten.

Ins Magdalénien stuft man auch die Funde aus der obersten Kulturschicht der Gudenushöhle unterhalb der Burg Hartenstein im Kremstal ein. Diese Höhle hatte schon Neanderthaler aus dem Moustérien angelockt. Das gilt auch für die Höhle Teufelslucken bei Roggendorf. In der Höhle Emmalucke unter dem Gipfel des 496 Meter hohen Hausberges von Gratkorn zeugen Reste einer Feuerstelle mit Hornsteinabsplissen von der Anwesenheit einiger Magdalénien-Leute. Und in der 430 Meter hoch gelegenen Steinbockhöhle bei Peggau fand man einen durchlochten Rentierknochen aus dieser Kulturstufe.

Vermutlich haben die Menschen des Magdalénien in Österreich außer in den erwähnten und anderen Höhlen doch auch im Freiland gewohnt. Dort errichteten sie wahrscheinlich wie die Magdalénien-Jäger in Deutschland oder wie die Spätgravettien-Leute in Russland aus langen Holzstangen und Tierfellen oder -häuten Zelte oder Hütten. Sowohl in Höhlen als in Freilandbehausungen ruhte und schlief man nicht auf dem blanken Fußboden, sondern auf weichen und warmen Tierfellen. Für Wärme und Licht sorgten Feuerstellen vor oder in den Behausungen.

Die Magdalénien-Jäger in Österreich jagten mit Stoßlanzen und Wurfspeeren vor allem Wildpferde und Rentiere, die während der älteren Dryaszeit noch in großen Herden vorkamen. Das Fleisch der erbeuteten Wildtiere dürfte meist gebraten worden sein. Außer Fleisch gehörten damals wohl auch viele essbare Pflanzen zum Nahrungsangebot, was sich jedoch wegen deren schlechter Erhaltungsfähigkeit kaum nachweisen lässt. Aus Spanien, Frankreich, Deutschland und der Schweiz kennt man Speerschleudern, mit denen Jäger ihre Geschosse mit großer Durchschlagskraft auf Beutetiere lenken konnten. Die Speerschleuder bestand aus einem bis zu 30 oder 40 Zentimeter langen hinteren Teil aus Rentiergeweih mit einem Widerhaken am Ende und einem mindestens ebenso langen Holzschaft. Bisher hat man nur Reste der widerstandsfähigeren Enden von Speerschleudern gefunden. Aus dem gesamten Jungpaläolithikum sind gegenwärtig etwa 125 Hakenenden von Speerschleudern bekannt, von denen die meisten aus dem Ende des Magdalénien stammen.

Beim Wurf auf ein Wildtier hielt der Jäger die Speerschleuder in der weit nach hinten gestreckten rechten Hand, wobei der Widerhaken hinten lag und nach oben ragte. Das Wurfgerät verlängerte auf diese Weise den rechten Arm und somit dessen Hebelkraft. Der Wurfspeer ruhte mit seinem Ende auf der Speerschleuder und wurde vom Widerhaken sowie – zusammen mit der Speerschleuder – von der Hand des Jägers gehalten. Beim Schuss schnellte der Arm mitsamt Speerschleuder und Wurfspeer nach vorne, wobei sich das Geschoss löste und mit Wucht in Richtung des Beutetieres flog.

Experimente des Kölner Prähistorikers Ulrich Stodiek mit rekonstruierten Speerschleudern haben gezeigt, dass mit längeren Speeren von etwa 2 bis 2,20 Meter Länge und 10 Zentimeter Dicke bei Zielwürfen eine bessere Trefferquote

*Rentierjagd mit Speerschleudern zur Zeit des Magdalénien
am Petersfels bei Engen-Bittelbrunn (Kreis Konstanz)
in Baden-Württemberg (Süddeutschland).
Gemälde von Fritz Wendler (1941–1995)
für das Buch „Deutschland in der Steinzeit" (1991)
von Ernst Probst*

erzielt wurde als mit kürzeren Geschossen von nur 1,20 bis 1,50 Meter Länge. Die kürzeren und leichteren Speere konnten dagegen viel weiter als die längeren geworfen werden. Mit ihnen wurden schon Weiten von mehr als 140 Metern erreicht.

Die jahreszeitlichen Wanderungen der Rentiere und Wildpferde zwangen die Jäger, hinter diesen Tieren herzuziehen oder sie in bestimmten Gegenden zu erwarten. Auf diese Weise dürften die Menschen des Magdalénien periodische Wanderungen über eine Entfernung von 100 bis 200 Kilometern unternommen haben. Dabei trafen sie mitunter andere Jägersippen oder -familien.

Zu den Orten, an denen Jäger zu bestimmten Zeiten den Rentierherden auflauerten, gehört das Brudertal bei Engen-Bittelbrunn (Kreis Konstanz) in Baden-Württemberg. Dieses bildet einen der Aufgänge von der Ebene zwischen Engen und dem Bodensee zur Albhochfläche. Dort konnten Jägernomaden die Rentiere in das sich talaufwärts immer mehr verengende Brudertal treiben. Von beiden Seiten in das Tal hineinragende Felsrippen erwiesen sich für die in Panik geratenen Herden als tückische Fallen, in denen sie ein leichtes Opfer für die mit Wurfspeeren ausgerüsteten Jäger wurden.

Eine der Engestellen im Brudertal liegt unweit der Höhle Petersfels. Sie gilt als eine der bedeutendsten Fundstellen aus dem Magdalénien in Baden-Württemberg. Am Petersfels sind in verschiedenen Schichten die Skelettreste von mindestens 1.300 Rentieren entdeckt worden. Der Tübinger Prähistoriker Gerd Albrecht schätzt, dass diese Tiere bei ungefähr 25 bis 40 Jagdunternehmungen erbeutet wurden, bei denen jeweils bis zu maximal 50 Rentiere zur Strecke gebracht worden sind. Besonders wichtig dürfte die Rentierjagd im September und Oktober gewesen sein, weil man sich dabei mit Fleischvorräten für den bevorstehenden Winter versorgen konnte. Wahrscheinlich hat man einen Teil der Beute für die kalte Jahreszeit konserviert.

Am schweizerischen Fundort Kesslerloch bei Thayngen im Kanton Schaffhausen konnte man Jagdbeutereste von etwa 500 Rentieren, 50 Wildpferden, 1.000 Schneehasen, 170 Schneehühnern sowie – deutlich weniger – von Steinböcken, Gämsen und Murmeltieren nachweisen. Im Gebiet des Neuenburger Sees brachte man neben Rentieren, Wildpferden und Schneehasen auch Füchse, Auerochesen, Wisente und Murmeltiere zur Strecke. Größere Fische dürften harpuniert worden sein. Im großen Stil wurde die Rentierjagd auch an der Schussenquelle bei Schussenried (Kreis Biberach) in Baden-Württemberg betrieben. Dort fand man Skelettreste von etwa 400 Rentieren, aber auch von anderen Großsäugetieren. Diese Zahlen demonstrieren eindrucksvoll, welche große Bedeutung die Rentierjagd in bestimmten Gebieten für die Magdalénien-Jäger hatte.

Für Tauschgeschäfte, wie sie die gleichzeitig lebenden Magdalénien-Leute in Frankreich, Deutschland und der Schweiz mit Schmuckschnecken betrieben, fand man bisher in Österreich kaum Belege. Als einen der wenigen Hinweise in dieser Richtung kann man den in der Gudenushöhle entdeckten Bernstein werten.

Die Männer, Frauen und Kinder aus dem Magdalénien trugen vermutlich aus Rentier- und Wildpferdhäuten zusammengenähte Jacken, Hosen und Schlupfschuhe. Reste derartiger Kleidung wurden bisher in Österreich zwar nicht nachgewiesen. Man kennt jedoch knöcherne Nadeln aus der Gudenushöhle und aus der Höhle Frauenlucken, die sich zum Zusammennähen solcher Kleidung eigneten. Anhaltspunkte

Frau mit Schmuck
aus der Zeit des Magdalénien.
Zeichnung:
Fritz Wendler (1941–1995)
für das Buch
„Deutschland in der Steinzeit"
(1991) von Ernst Probst

Darstellung eines Rentierkopfes auf einer Adlerspeiche
aus der Gudenushöhle im Tal der Kleinen Krems in Niederösterreich.
Zeichnung: Naturhistorisches Museum Wien,
Prähistorische Abteilung

dafür, wie die damalige Garderobe aussah, liefern zudem eine Bestattung sowie Kunstwerke vom sibirischen Fundort Malta, die dem Spätgravettien zugerechnet werden.

Wie ihre Vorgänger aus dem Aurignacien und Gravettien erfreuten sich auch die Magdalénien-Leute an mancherlei Schmuck. So fand man in der Gudenushöhle aus Tierzähnen and Bernstein bestehende Schmuckstücke. In der Höhle Teufelslucken wurden Reste des Roteisenerzes Hämatit entdeckt, das sich zum Schminken eignete.

Als einziges Kunstwerk aus dem Magdalénien Österreichs gilt eine in der Gudenushöhle gefundene Adlerspeiche, in die ein Rentierkopf eingeritzt ist. Dieses seltene Stück diente als Behälter für Knochennadeln. In anderen Gegenden Mitteleuropas sind zur selben Zeit von Magdalénien-Leuten vor allem stilisierte Frauen ohne Kopf und Füße, Mammute, Wildpferde und einige andere Tiere dargestellt worden.

Ihren Höhepunkt erlebte die Kunst der jüngeren Altsteinzeit in Magdalénien. Davon wird der ältere Teil bis vor etwa 15.000 Jahren noch dem Stil III zugerechnet, der jüngere ab etwa vor 15.000 Jahren dagegen den Stil IV. Aus dem Magdalénien sind in Spanien, Frankreich, Deutschland,, Tschechien und der Schweiz viel mehr Kunstwerke entdeckt worden als aus früheren Epochen.

Berühmt geworden ist das Magdalénien vor allem durch die Höhlenmalereien in Frankreich und Spanien. Inzwischen wurden in mehr als 150 Höhlen Bildnisse von Wildtieren und ganz selten auch von Menschen entdeckt. Bei den mit grandiosen Malereien ausgeschmückten Höhlen handelte es sich höchstwahrscheinlich um Kultstätten.

Die Entdeckung der Höhle von Altamira nahe der spanischen Stadt Santillana del Mar in Kantabrien glückte 1868 einem

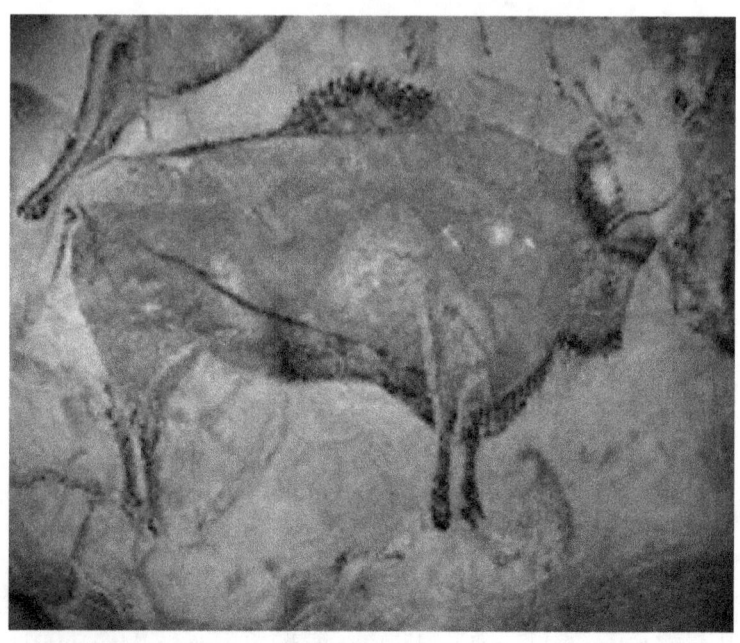

*Replik der Darstellung eines Steppenbisons
aus der Höhle von Altamira in Spanien.
Foto: Rameessos (via Wikimedia Commons),
Lizenz: gemeinfrei (Public domain)*

Jäger, dessen Jagdhund in der damals vergessenen Höhle verschwunden war. Der Jäger benachrichtigte unverzüglich den Grundherrn von Santillana, den Naturwissenschaftler Don Marcelino Sanz de Sautuloa (1831–1888), über seinen Fund. Als erster fielen der fünfjährigen Tochter Maria von Don Marcelino, die anfangs in der Höhle aufrecht gehen konnte, an der Decke Bilder von vermeintlichen „Rindern" auf. Don Marcelino nahm ab 1879 systematische Grabungen in der Höhle vor und veröffentlicht eine kurze Beschreibung. Damalige Gelehrte bezweifelten energisch die Echtheit dieser Höhlenbilder. Der französische Prähistoriker Émile Cartailhac (1845–1921) kanzelte sie als „vulgären Streich eines Schmierers" ab und weigerte sich, sie anzusehen. Doch 1901 entdeckte man ähnliche Malereien in der Höhle von Font-de-Gaume bei Les Eyzies-de-Tayac-Sireuil im Département Dordogne und die Fachwelt war nun von der Echtheit überzeugt. Cartailhac entschuldigte sich 1902 in einem Aufsatz („Les cavernes ornées de dessins. La grotte d'Altamira, Espagne. „Mea culpa" d'un sceptique") bei Sautuola. In der Höhle von Altamira sind Hirsche, Steppenbisons, Hirschkühe, Wildpferde und Wildschweine dargestellt. Dabei handelt es sich um Ritzzeichnungen, Kohlezeichnungen und Farbbilder. Den Farbstoff (Holzkohle, Rötel, schwarze Manganerde und verschieden getönter Ocker) trug man vielleicht mit Federn, Farbstiften und Röhrenknochen, durch die man die Farbe blies, auf. Seit 1979 ist die Höhle von Altamira nicht mehr öffentlich zugänglich. Nachbildungen sind rund 500 Meter von der Höhle entfernt sowie im „Deutschen Museum" in München und im „Museo Arqueológico Nacional de Espana" in Madrid zu bewundern. Die berühmtesten Höhlenmalereien Frankreichs aus dem älteren Teil des Magdalénien wurden vermutlich vor etwa 17.000

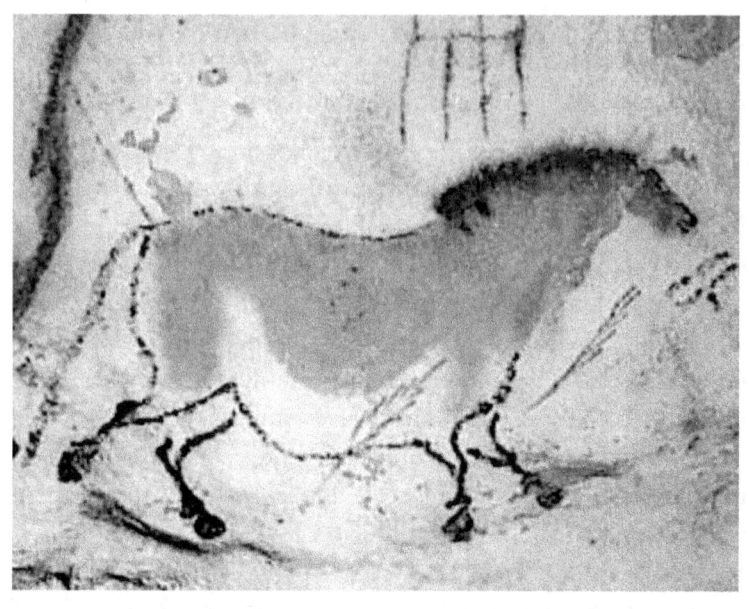

*Replik der Darstellung eines Wildpferdes
aus der Höhle von Lascaux im Tal der Vézère bei Montignac
im französischen Département Dordogne.
Foto: (via Wikimedia Commons),
Lizenz: gemeinfrei (Public domain)*

Jahren in der Höhle von Lascaux im Tal der Vézère bei Montignac im Département Dordogne geschaffen. Nach Ansicht mancher Prähistoriker könnten sie sogar noch älter sein. Entdeckt wurde die Höhle von Lascaux am 12. September 1940 von vier jungen Männern namens Marcel Ravidat, Jacques Marsal, Georges Agnel und Simon Coencias. Schon am 21. September 1940 besichtigte der Prähistoriker Henri Breuil (1877–1961) den Fundort. Er veröffentlichte noch im selben Jahr eine erste wissenschaftliche Beschreibung.

Es hat den Anschein, als ob in Lascaux eine bestimmte Künstlergruppe innerhalb von zwei oder drei Generationen die verschiedenen Höhlenräume – wie die „Halle der Stiere", den Durchgang, die „Apsis", das „Schiff", das „Kabinett der Katzentiere" und den Schacht – mit insgesamt 800 Bildern ausgeschmückt hat. An den Höhlenwänden sind Auerochsen, Höhlenbären, Wisente. ein „Einhorn"-ähnliches Wesen, Hirsche, Fellnashörner, Wildpferde, Eber, Steinböcke, Moschusochsen, Rentiere, Vögel und Raubkatzen zu erkennen. Eine der rätselhaftesten Szenen befindet sich im weit vom Eingang entfernten stockdunklen Schacht, in den sich der Künstler sechs Meter tief an einem Seil herunterlassen und im Schein von Lampen malen musste. Hier, wohl im Allerheiligsten der Höhle von Lascaux, liegt ein verletzter oder toter Mensch mit erigiertem Penis vor einem wutschnaubenden Wisent, aus dem die Eingeweide hervorquellen. Unterhalb des Mannes sitzt ein Vogel auf einem Stab. Möglicherweise wird hier eine reale Jagdszene in Bildern erzählt. Nicht auszuschließen ist aber, dass die realistische Szene einen magisch-mythischen Hintergrund hat. Im jüngeren Teil des Magdalénien – also im mittleren und oberen Magdalénien – drangen die Maler in bis zu zwei Kilometer vom Eingang entfernte Höhlenräume vor und verzierten sie mit ihren großformatigen und farbenprächtigen Gemälden. Dabei scheuten sie auch nicht vor größten Mühen zurück. So mussten beispielsweise in der Höhle von Etcheberriko-Karbia im Baskenland (Spanien) kleine Seen durchquert und glatte, meterhohe Hänge erklommen werden, ehe man sich durch ein schmales Loch zwängen und in einen schmalen Gang gelangen konnte, der abrupt endete und zwei Meter tief abfiel. Ob die an diesem Endpunkt angebrachten Malereien die eigentliche Kultstätte waren, wissen wir nicht. Zu den bedeutendsten Bilderhöhlen aus dem jüngeren Teil des Magdalénien gehören die Höhlen von Font de Gaume, Les Combarelles, Rouffignac in Südwestfrankreich, von Niaux in den Pyrenäen sowie von Altamira im kantabrischen Spanien. Ohne Parallele sind die beiden aus Ton geformten Wisente in der Höhle von Tuc-d'Audobert im Département Ariège (Frankreich). Über die Beweggründe unserer Vorfahren, derartige mit viel Schweiß und Mühen verbundene Kunstwerke zu schaffen, rätselt man immer noch. Als Motiv wird – in unterschiedlichen Variationen – oft ein Jagdzauber genannt: Demnach wollten die Höhlenmaler durch die Wiedergabe der Beutetiere in den Höhlen die Zahl der jagdbaren Tiere vermehren oder sie in die betreffende Gegend locken. Im Hintergrund stand dabei die Vorstellung, ein Geist oder ein Tier müsse sich dort aufhalten, wo man seinen Körper in Bildern oder Skulpturen festhielt. Eine andere Variante der Jagdzauber-Theorie geht davon aus, dass man durch die bildliche Darstellung Macht über die Tiere gewinnen könne. Tatsächlich wurden bei einigen Tierdarstellungen Speere oder Pfeile in das Tier eingezeichnet und andere sogar mit Speerwürfen und Pfeilschüssen attackiert, aber bei den meisten Tierbildern ist eine solche „magische Tötung" offensichtlich nicht durchgeführt worden. Man hielt die Höhlenmalereien aber auch für Erinnerungen an besonders erfolgreiche Jagdunternehmungen oder für den Ausdruck eines Totemkults, bei dem jeder Stamm eine bestimmte Tierart verehrte, mit der er in magischer Beziehung stand. Mitunter werden die einzelnen Tierarten auch mit bestimmten Gottheiten oder dem männlichen bzw. weiblichen Prinzip der Natur in Verbindung gebracht. Dabei scheint sich der Respekt vor ihnen jedoch in Grenzen gehalten zu haben. Denn viele Bilder wurden von späteren Malern übermalt.

Schwer zu deuten sind jene Höhlenmalereien, die Menschengestalten mit Tiermasken oder in Verkleidung zeigen. Solche Darstellungen findet man unter den zahlreichen Tierbildern eher selten. Vielleicht stellen sie Schamanen bei rituellen Handlungen dar.

Häufig vertreten wird auch die Ansicht, bei den Bilderhöhlen handle es sich um unterirdische Heiligtümer, in denen die Initiationsriten bei der Aufnahme der Jugendlichen in den Kreis der Erwachsenen und vielleicht auch andere Zeremonien stattgefunden haben. Auch die Kleinkunstwerke aus Stein, fossilem Holz, Knochen, Rentiergeweih und Mammutelfenbein gelangten im Magdalénien zu einer außerordentlichen Blüte. Bei den Tierdarstellungen waren Wildpferde und Rentiere sowie in manchen Gegenden Mammute die beliebtesten Motive. Sogar Fußböden, löffelartiges Gerät, Lochstäbe und Speerschleudern wurden mit Tiermotiven geschmückt. Bei den Menschendarstellungen überwiegen ganz eindeutig solche von Frauen, die zumeist ohne Kopf und Füße wiedergegeben sind. Die Bedeutung symbolischer Zeichen – wie Linien, Gittermuster, Kreise oder Ovale – ist weitgehend ungeklärt.

Die Menschen des Magdalénien in der Schweiz hinterließen zahlreiche Kleinkunstwerke aus Rentiergeweih sowie deutlich

Ausgrabung 1903 durch Jakob Heierli (1853–1912)
im Kesslerloch bei Thayngen im schweizerischen Kanton Schaffhausen.
Foto: Museum zu Allerheiligen, Schaffhausen
(via Wikimedia Commons), Lizenz: gemeinfrei (Public domain)

seltener aus Knochen und fossilem Holz (Gagat). Allein im Kesslerloch im Fulachteil bei Thayngen im Kanton Schaffhausen kamen insgesamt 22 Kunstwerke aus dem Magdalénien zum Vorschein. Der Name dieser Höhle leitet sich davon ab, dass sie früher gelegentlich von umherziehenden Kesselflickern bewohnt wurde. Das Kesslerloch war dem damals in Thayngen unterrichtenden Realschullehrer Konrad Merk (1846–1914) bei einer botanischen Exkursion im Sommer 1873 erstmals aufgefallen. Angeregt durch Entdeckungen in französischen Höhlen zu jener Zeit entschloss er sich zu Ausgrabungen, die er am 4. Dezember 1873 in Begeitung eines Lehrerkollegen und zweier älterer Schüler begann. Dabei konnte er bald Feuersteinsplitter und bearbeitete Rentiergeweihe bergen. edie eigentlichen systematischen Ausgrabungen folgten vom 16. Februar bis 11. April 1874.

Als das berühmteste im Kesslerloch entdeckte Kunstwerk gilt der Lochstab aus Rengeweih mit der eingravierten Darstellung des „Suchenden Rentieres", bei dem es sich um ein witterndes männliches Rentier während der Brunft handeln könnte. Dieser bedeutende Fund wurde 1874 anlässlich der Vorarbeiten zur Grabungskampagne im Kesslerloch von dem zu Besuch weilenden Geologen Albert Heim (1849–1937) aus Zürich entdeckt. Ein anderer Lochstab zeigt ein Wildpferd sowie zwei in Gegenrichtung orientierte mutmaßliche Rentierkühe. Ein weiterer Lochstab ist wahrscheinlich mit einem Halbesel verziert. Zu den Kunstwerken aus Rentiergeweih vom Kesslerloch gehören außerdem Speerschleudern mit der Wiedergabe von Rentierkühen und Wildpferden, drei Endstücke von Speerschleudern in Gestalt eines Wildpferdkopfes, ein Wildpferd-, ein Rothirsch- und ein Moschusochsenkopf sowie Skulpturen mit der mutmaßlichen Darstellung von Fischen. Zu den wenigen Kunstwerken aus

Gravierung des „Suchenden Rentieres" auf einem Lochstab
aus Rengeweih vom Kesslerloch bei Thayngen (Kanton Schaffhausen).
Länge der Gravierung 8,5 Zentimeter.
Original im Rosgartenmuseum Konstanz.
Foto: Rosgartenmuseum Konstanz

Bild auf Seite 195:

Archäologische Funde aus dem Kesslerloch bei Thayngen
im schweizerischen Kanton Schaffhausen.
Abgebildet in einer Publikation des Realschullehrers
Konrad Merk (1846–1914) aus Thayngen,
des ersten Ausgräbers im Kesslerloch.
Bild: (via Wikimedia Commons),
Lizenz: gemeinfrei (Public domain)

195

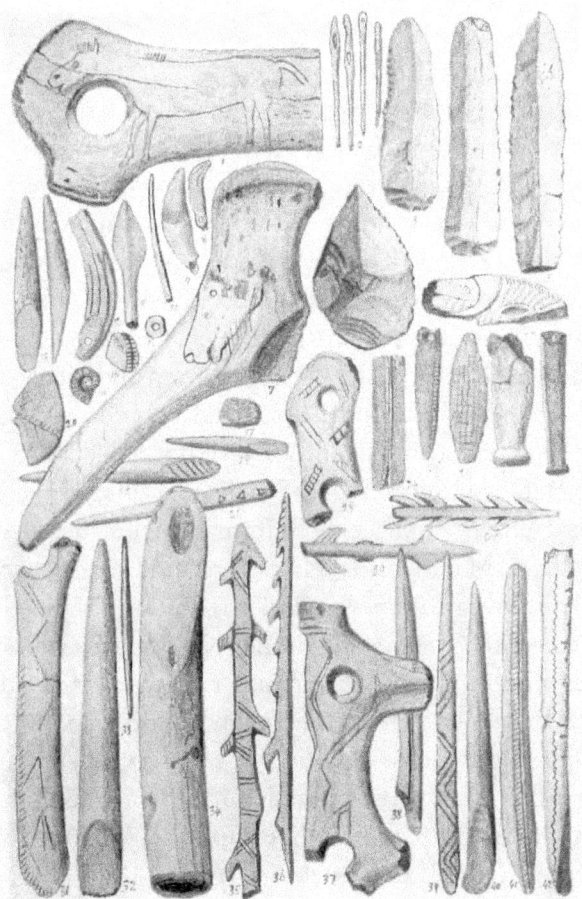

Kesslerloch Cave (all ½). (After Conrad Merk.)

[To face p. 74.

Knochen zählen eine Rippe mit einem Wildpferdkopf und ein Knochenstück mit einem Wildschweinkörper, der aber auch als Rentiermotiv gedeutet wird. Von zwei Kohleplättchen zeigt eines auf beiden Seiten einen eingravierten Pferdekopf, das andere eine Wildpferdfigur.

Die Entdeckung der Kunstwerke aus dem Kesslerloch wurde durch eine Fälschungsaffäre überschattet. Der an den Ausgrabungen beteiligte Arbeiter Martin Stamm (1833–1923) aus Thayngen hatte den mit ihm verwandten Schüler Konrad Bollinger überredet, in zwei alte Knochen Tierzeichnungen einzuritzen. Damit wollte er sich vermutlich als Entdecker hervortun und etwas Geld hinzuverdienen. Der Bub nahm für seine Arbeit das Kinderbuch „Die Thiergärten und Menagerien mit ihren Insassen" aus dem Jahre 1868 von dem Leipziger Künstler Heinrich Leutemann (1824–1905) als Vorbild und gravierte mit Federmesser und Stricknadel einen sitzenden Bären und einen Fuchs ein. Stamm schickte die beiden Fälschungen im Mai 1875 an den Zoologen und vergleichenden Anatomen Ludwig Rütimeyer (1825–1895) in Basel und gab an, dass er sie im Grabungsschutt des Kesslerlochs geborgen habe. Davon erfuhr auch der Prähistoriker Ferdinand Keller (1800–1881) aus Zürich. Nach längerem Überlegen gelangte er zu der Überzeugung, dass die beiden Gravierungen echt seien, fragte aber am 14. Mai 1875 brieflich bei Konrad Merk, dem ersten Ausgräber im Kesslerloch, nach dessen Meinung über diese Stücke an. Merk antwortete am 16. Mai 1875, er sei von der Echtheit dieser Abbildungen nicht überzeugt. Ungeachtet dessen fügte Keller in den ihm vorliegenden Bericht Merks mit dem Titel „Der Höhlenfund im Kesslerloch bei Thayngen (Kanton Schaffhausen)" die Zeichnungen von Bär und Fuchs sowie eine Notiz über diese Funde ein, ohne Merks Zweifel zu erwähnen. Er teilte sein Vorgehen Merk mit, und dieser gab dem berühmten Prähistoriker nach. Der erwähnte Bericht erschien vor dem 10. Juli 1875 in den „Mitteilungen der Antiquarischen Gesellschaft" in Zürich. Damit begann für Merk ein langer Leidensweg. Denn als die Fälschungen aufflogen, hielt man in der Fachwelt auch die übrigen im Kesslerloch gefundenen Kunstwerke für unecht. Erst eine gerichtliche Untersuchung klärte die Fälschungsaffäre auf und bewies Merks Unschuld.

Zu den mysteriösesten Kunstwerken aus dem Magdalénien in der Schweiz gehört ein menschliches Schädeldach mit der eingeritzten Darstellung eines Hirsches, das auf dem 687 Meter hohen Berg Baarburg bei Baar im Kanton Zu entdeckt wurde. Der Verwendungszweck dieses ungewöhnlichen Objektes ist unbekannt. Am selben Fundort wurden außerdem ein steinerner Anhänger mit einem eingravierten mutmaßlichen Höhlenlöwen sowie eine rohe Plastik aus Stein geborgen, die vielleicht ein Wildrind darstellen soll.

Wie in Spanien und Frankreich wurden auch in Deutschland viel mehr Kunstwerke aus dem Magdalénien entdeckt als aus den vorhergehenden Kulturstufen der jüngeren Altsteinzeit. Und dies, obwohl man hier im Gegensatz zu Westeuropa noch keine einzige Höhlenmalerei nachweisen konnte. Dafür entdeckte man kleinformatige Gravierungen auf Steinplatten, Geröllen, Tierknochen, Geweih, fossilem Holz und Mammutelfenbein sowie Schnitzereien aus denselben Materialien. Diese Kunstwerke zeigen Tiere, Menschen (fast nur Frauen) und rätselhafte Zeichen.

Die meisten Gravierungen auf Steinplatten wurden in der Freilandsiedlung Gönnersdorf, ein Ortsteil des Stadtteils Feldkirchen von Neuwied, in Rheinland-Pfalz gefunden. Dort

Nachbildung einer Gravierung von Gönnersdorf,
einem Ortsteil des Stadtteils Feldkirchen von Neuwied,
in Rheinland-Pfalz (Südwestdeutschland)
Sie zeigt zwei Frauen ohne Kopf und Füße
die sich wie bei einem Tanz gegenüberstehen.
Foto: José-Manuel Benito / Locutus Borg
(via Wikimedia Commons),
Lizenz: gemeinfrei (Public domain)

haben die einstigen Bewohner etwa 200 Darstellungen von Tieren und etwa 400 von Frauen in grauschwarzen Schieferplatten eingraviert, die in den Behausungen als Fußboden dienten. Man trat also die Kunst buchstäblich mit Füßen. Das auf manchen dieser Platten zu beobachtende Liniengewirr kann vielleicht damit erklärt werden, dass die Platten mehrfach mit einer Farbschicht überzogen und dann erst graviert wurden, wodurch es zu Überschneidungen kam. In Gönnersdorf diente wahrscheinlich das reichlich vorhandene Hämatit dazu, die Platten mit roter Farbe zu überziehen.

Unter den Darstellungen von Tieren überwiegen in Gönnersdorf vor allem Wildpferde (74 Motive) und Mammute (61 Motive). Wesentlich seltener wurden Fellnashörner und Hirsche abgebildet. Nur je einmal sind Elch (oder Saiga-Antilope), Auerochse, Wisent, Wolf und Höhlenlöwe (ohne Kopf) dargestellt. Andere Motive zeigen Fische, Vögel (Wasservögel), Schneehuhn, Kolkrabe und Robben. All diese Tiergravierungen wirken sehr realistisch. Die größte von ihnen ist ein 50 Zentimeter erreichendes Wildpferd.

Die Frauendarstellungen von Gönnersdorf wurden stets nach einem einheitlichen Schema gestaltet. Sie sind in strenger Profilansicht mit nur einem Arm und einer Brust sowie mit auffällig betontem Gesäß abgebildet. Der Kopf ist niemals zu sehen. Auch die Füße fehlen fast immer. Die jungen Mädchen oder Frauen befinden sich in der Halbhocke oder sogar im Sprung. Nicht selten sind die Frauenfiguren hintereinander aufgereiht. Oder man kann zwei einander zugewandte Frauen erkennen.

Es gibt bisher keine Erklärung dafür, weshalb man in Gönnersdorf so viele Frauen – und fast keine Männer – in die Schieferplatten eingravierte. Um Männer scheint es sich lediglich bei einigen Gestalten mit behaarten Beinen zu handeln. Vielleicht sollen auch einige fratzenartige Gesichter mit großen Augen und vorspringender Mund- und Nasenpartie Männer sen. Solche fratzenhaften Gesichter entdeckte man außerhalb Deutschlands auch in Frankreich und Spanien.

Neben Tier- und Menschendarstellungen fand man in Gönnersdorf einige auf den ersten Blick rätselhaft aussehende Zeichen. Diese Kreise, Ovale und Dreiecke sind häufig mit einem Strich versehen. Da eine andere Gravierung eine Vulva mit eingeführtem Penis zeigt, vermutet man, dass es sich bei den Kreisen, Ovalen und Dreiecken mit einem Strich um eine abstrakte Version der Vereinigung zwischen Mann und Frau handelt.

Ein durchlochter Rentierzehenknochen aus der Steinbockhöhle bei Peggau in der Steiermark wird als Rentierpfeife gedeutet. Auch in der niederösterreichischen Gudenushöhle kam ein ähnlicher Fund zum Vorschein. Bei einer solchen Pfeife handelt es sich vielleicht um ein Signalinstrument, das bei der Jagd verwendet wurde. Ob diese schrill klingende Pfeife auch als Musikinstrument diente, das bei Tänzen den Takt angab, lässt, sich nicht entscheiden. Tanz ist in Deutschland für dieselbe Zeit durch Gravierungen aus Gönnersdorf bei Neuwied archäologisch belegt. Manche Prähistoriker halten die Knochenpfeifen für „Geisterpfeifen" zum Anlocken von Geistern in Höhlen.

Die Formenvielfalt der Steinwerkzeuge lässt sich im Fundgut aus der Höhle Frauenlucken ablesen. Dort entdeckte man ein Klingenbruchstück, einen Kantenstichel, einen gebrochenen Klingenschaber, zwei Mikroklingen mit retuschiertem Rücken und eine Mikrogravetteklinge. All diese Werkzeuge hatte man aus Feuerstein angefertigt.

Außerdem gab es zu dieser Zeit aber auch Werkzeuge aus Tierknochen wie die Nähnadeln aus der Gudenushöhle und aus den Frauenlucken. In der Gudenushöhle fand man zudem einen Lochstab zum Geradebiegen von Geweihspänen. Reste der Holzschäfte von Stoßlanzen oder Wurfspeeren sind bisher in Österreich nicht nachgewiesen worden. Aus der Gudenushöhle kennt man eine aus Rentiergeweih geschnitzte Speerspitze mit Blutrille sowie Harpunen. Die Blutrille an der Speerspitze hatte den Zweck, dass ein durch einen Speer getroffenes Wildtier möglichst viel Blut verlor und so schneller geschwächt wurde als durch eine Speerspitze ohne Rille. Das Bestattungswesen der Magdalénien-Leute in Österreich entsprach wohl demjenigen ihrer Zeitgenossen in anderen Gebieten. Damals hat man die Verstorbenen häufig unversehrt und – wie die Kinderbestattung von Malta, etwa 80 Kilometer nordwestlich von Irkutsk in Russland, beweist – liebevoll zur letzten Ruhe gebettet. Wie damals weltweit üblich, war wohl auch die Gedankenwelt der Magdalénien-Leute in Österreich von der Furcht vor unerklärlichen Naturerscheinungen geprägt, die man übermächtigen Geistern oder Gottheiten zuschrieb.

Tschechischer Prähistoriker Slavomil Vencl.
Foto: Dr. Slavomil Vencl, Ceskoslovenska Akadmie ved,
Archeologicky Ustav, Prag

Die Jäger von Unken

Das Spätpaläolithikum

Aus den letzten 1.500 Jahren der Altsteinzeit, dem Spätpaläolithikum vor etwa 11.500 bis 10.000 Jahren, liegen aus Österreich erstaunlich wenig Hinweise für die Anwesenheit von Menschen vor. Den Begriff Spätpaläolithikum hat 1970 der tschechische Prähistoriker Slavomil Vencl aus Prag geprägt. Die Situation in Österreich im Spätpaläolithikum war ähnlich wie in Süddeutschland. Die Funde aus dieser Zeit lassen sich keiner bestimmten Kulturstufe zuordnen, wie dies gebietsweise in Deutschland möglich ist, wo die Federmesser-Gruppen (etwa 12.000 bis 10.700 Jahre), die „Bromme Kultur" (etwa 11.000 bis 10,700 Jahre) und die „Ahrensburger Kultur" (etwa 10.700 bis 10.000 Jahre) gegeneinander abgrenzbar sind. Das Spätpaläolithikum fiel zunächst in die Warmphase des Alleröd-Interstadials (vor etwa 11.700 bis 10.700 Jahren), in der Elche, Rothirsche und Auerochsen (Ure) bis hoch ins Gebirge hinauf lebten. Danach entsprach es der kurzen Kaltphase der jüngeren Dryas (vor etwa 10.700 bis 10.000 Jahren), während der die Waldgrenze im Gebirge um einige 100 Meter niedriger lag als heute. Skelettreste von Menschen aus dem Spätpaläolithikum konnten bisher in Österreich nicht entdeckt werden. Dabei wären sie von besonderem Interesse, weil es sich um die letzten Jäger und Sammler der Altsteinzeit und somit um die Vorgänger der Mittelsteinzeit-Leute handelt.

Zu den aussagekräftigsten Fundstellen aus dem Spätpaläolithikum in Österreich gehört die Halbhöhle (Abri) von Unken an der Saalach bei Saalbach im Pinzgau (Bundesland Salzburg). Sie liegt über dem linken Flussufer der Saalach am Oberrainkogel bei Schloss Oberrain. Leider ist ausgerechnet diese bedeutende Halbhöhle nicht mehr vollständig erhalten, da man im 19. Jahrhundert bei Wegbauten einen Teil von ihr weggesprengt hat.

Als jene Halbhöhle durch den geplanten Neubau der Straße von Lofer zur deutschen Grenze erneut bedroht schien, beauftragte der Salzburger Landesgeologe Martin Hell (1885–1975) den Tierarzt und Heimatforscher Helmut Adler (1919–2002) aus Lofer damit, Probegrabungen durchzuführen. 1991 wurde die Fundstelle durch den Ausbau der Saalachtal-Bundesstraße (heute: Loferer Straße) zerstört.

Hell war mehr als 40 Jahre lang in verschiedenen Bereichen des Straßen- und Wasserbaus tätig. In seiner Freizeit betätigte er sich als Amateur-Archäologe. Seine Funde übergab er dem „Salzburger Museum Carolino-Augusteum". Von der Begeisterung des jungen Helmut Adler und seiner Bergfreunde für die Höhlenforschung war Hell so angetan, dass er ihnen Privatvorlesungen zur Salzburger Urgeschichte gab. Obwohl so das Interesse von Adler für die Archäologie geweckt wurde, studierte er Tiermedizin und ließ sich nach seiner Entlassung aus der Kriegsgefangenschaft in Lofer als Tierarzt nieder.

Bei den Nachforschungen in der Halbhöhle von Unken in den Jahren 1968/1969 kamen zahlreiche Funde zum Vorschein. Holzkohlestückchen und ausgeglühte Knochensplitter stammen von einer Feuerstelle, an der sich die einstigen Bewohner der Halbhöhle wärmten und das Fleisch von Beutetieren brieten. Unter den fragmentarisch erhaltenen Tierknochen befand sich eine ausgeglühte Adlerkralle. Vielleicht zählte dieser Raubvogel zur Jagdbeute der damaligen Jäger. Etwa 450 Werkzeuge und Abschläge aus Hornstein, Quarzit und Bergkristall zeugen vom Fleiß eines Steinschlägers. Als einziger Waffenbestandteil wurde das aus Geweih angefertigte Bruchstück einer Harpune geborgen. Nach radiometrischen Datierungsmethoden ist das Fundgut aus der Halbhöhle von Unken etwa 11.500 Jahre alt. Dies entspricht der Zeit, in der sich in Deutschland, Holland und Belgien die Federmesser-Leute aufhielten.

Vor der Entdeckung der Siedlungsreste in der Halbhöhle von Unken hatte man angenommen, dass das Alpenvorland und die Nordabdachung der Alpen in Österreich erst während der nacheiszeitlichen Mittelsteinzeit von Menschen erschlossen worden wären. Die Funde in der etwa 600 Meter über dem Meeresspiegel gelegenen Halbhöhle beweisen aber, dass der Alpenrand schon seit dem Alleröd-Interstadial eisfrei war.

Auch die Zigeunerhöhle im Hausberg von Gratkorn (Steiermark) wurde im Spätpaläolithikum von Menschen aufgesucht. Die Siedlungsreste befanden sich an trockenen, windgeschützten Stellen der nach Westen hin offenen Höhle. In der Zigeunerhöhle entdeckte 1923 der Archäologe Walter Schmid (1875–1951) aus Graz bei Ausgrabungen außer Resten einer Feuerstelle auch Stein- und Knochengeräte, welche die einstigen Bewohner hinterlassen hatten. Von den Knochengeräten sind ein Harpunenbruchstück und ein 10,3 Zentimeter großer Haken erwähnenswert, dessen Funktion unbekannt ist. In der Zigeunerhöhle von Gratkorn hat bereits 1917 der Geologe und Paläontologe Wilfried von Teppner (1891–1961) aus Graz gegraben. Die vollständige Ausgrabung wurde 1923

Tropfsteinhöhle des Schlossberges bei Griffen (Kärnten).
Foto: Naturpuur / CC-BY-SA4.0 (via Wikimedia Commons),
lizensiert unter Creative-Commons-Lizenz by-sa-4.0-de,
https://creativecommons.org/licenses/by-sa/4.0/legalcode

durch die Altertumssammlung des Landesmuseums Joanneum in Graz zusammen mit Wilfried von Teppner durchgeführt.

Vielleicht hat auch die Tropfsteinhöhle des Schlossberges bei Griffen (Kärnten) im Spätpaläolithikum als Aufenthaltsort für Jäger und Sammler gedient. Die Werkzeuge aus Quarz von dieser Fundstelle sind jedoch noch nicht wissenschaftlich untersucht. Nach den Funden aus der Zigeunerhöhle zu schließen, haben die Spätpaläolithiker vor allem Rothirsche erlegt. Dies könnte mit Pfeil und Bogen geschehen sein, die zu dieser Zeit bereits in Deutschland bekannt sind. Der „Griffener Verschönerungsverein" und das „Kärntner Landesmuseum" in Klagenfurt führten 1957 bis 1960 unter der Leitung des Ingenieurs und Archäologen Hans Dolenz (1902–1970), des Geologen Ernst Weiß und des Geologen Franz Kahler (alle aus Klagenfurt) Grabungen in der Tropfsteinhöhle des Schlossberges bei Griffen durch. Zu diesem Zeitpunkt war der größte Teil der Fundschichten bereits durch den Bau eines Luftschutzstollens zerstört.

Als die bedeutendste Freilandfundstelle aus dem Spätpaläolithikum in Österreich gilt der Galgenberg bei Horn (Niederösterreich). Auf sie wurde 1930 der Postbeamte Josef Höbarth (1891–1952) aus Horn aufmerksam. Später sammelten dort auch der Ingenieur Otto Ritter (1901–1973) aus Wien und der Bankdirektor Alois Gulder (1900–1972) aus Wien Steinwerkzeuge. Die Funde vom Galgenberg wurden früher als mittelsteinzeitlich betrachtet. Doch während der Arbeit an ihrer Dissertation (1983–1986) erkannte die Prähistorikerin Walpurga Antl-Weiser aus Stillfried-Grub, dass die Gerätetypen von Horn-Galgenberg in Form, Größe und Anzahl dem Erscheinungsbild spätpaläolithischer Industrien entsprechen.

Dies trifft vor allem für Spitzen mit abgedrücktem Rücken und für bestimmte Kratzer zu.

Als das bisher einzige Kunstwerk aus dem Spätpaläolithikum in Österreich gilt ein Hirschgeweihgerät aus der Zigeunerhöhle bei Gratkorn. Es ist mit Ornamenten verziert und mit der Darstellung einer kriechenden Schlange versehen. Diese Motive hat man offenbar mit einem spitzen Steingerät in das Geweih eingraviert. Das Kunstwerk wurde neben der Feuerstelle in der Zigeunerhöhle entdeckt. Das Spätpaläolithikum ist bisher in Österreich noch unzureichend durch Funde dokumentiert.

Literatur

Altsteinzeit in Österreich
BAYER, Josef: Der Mensch im Eiszeitalter, Leipzig 1927
BRANDTNER, Friedrich: Stand der Paläolithforschung in
Niederösterreich. Mannus, S. 43–58, Bonn 1990
EBNER, Fritz: Die Höhlen der Steiermark. Schild von Steier,
S. 31–50, Graz 1972
FELGENHAUER, Fritz: Kleidung und Schmuck in der Urzeit.
Mitteilungen der Österreichischen Arbeitsgemeinschaft für Ur-
und Frühgeschichte XVIII, S. 4–20, Wien 1967
FONTANA, Josef / HAIDER, Peter W. / LEITNER, Walter
/ MÜHLBERGER, Georg/ PALME, Rudolf / PARTELI,
Othmar / RIEDMANN, Josef: Geschichte des Landes Tirol,
Bozen 1985
FRANZ, Leonhard: Die Kultur der Urzeit Europas, Frankfurt
1969
FRANZ, Leonhard / NEUMANN, Alfred R.: Lexikon ur- und
frühgeschichtlicher Fundstätten Österreichs, Wien 1965
HEINRICH, Wolfgang: Paläolithforschung in Osterreich.
Mitteilungen der Österreichischen Arbeitsgemeinschaft für Ur-
und Frühgeschichte, S. 1–40, Wien 1974/1975
HOERNES, Moritz: Der diluviale Mensch in Europa. Die
Kulturstufen der älteren Steinzeit, Braunschweig 1903
LITSCHAUER, Gottfried: Allgemeine Bibliographie des
Burgenlandes, Eisenstadt 1959
MODRIJAN, Walter: Vorzeit an der Mur. Schild von Steier, S.
3–32, Graz 1974
MURBAN, Karl / GRÄF, Walter: Die steirische Höhlen-

forschung und das Landesmuseum Joanneum. Schild von Steier, S. 51–59, Graz 1972

NEUGEBAUER, Johannes-Wolfgang / SIMPERL, Kurt: Als Europa erwachte. Österreich in der Urzeit, Salzburg 1979

PITTIONI, Richard: Urgeschichte. Allgemeine Urgeschichte und Urgeschichte Österreichs, Leipzig 1937

PITTIONI, Richard: Urgeschichte des österreichischen Raumes, Wien 1954

PITTIONI, Richard: Vom Faustkeil zum Eisenschwert. Eine kleine Einführung in die Urgeschichte Niederösterreichs, Horn 1964

PITTIONI, Richard: Geschichte Osterreichs, Band I/2 -Urzeit von etwa 80000 bis 15. v. Chr. Anmerkungen und Exkurse, Wien 1980

PROBST, Ernst: Die Altsteinzeit in Österreich. Abfolge und Verbreitung der „Kulturen" und Gruppen. In: Deutschland in der Steinzeit. Jäger, Fischer und Bauern zwischen Nordseeküste und Alpenraum, S. 119, München 1991

REITINGER, Josef: Ur- und Frühgeschichte in Osterreich in den letzten 50 Jahren. Oberösterreichische Heimatblätter, S. 13–27, Linz 1983

SCHWAMMENHÖFER, Hermann: Archäologische Denkmale, Waldviertel, Wien 1987

Jungacheuléen

ADAM, Karl Dietrich: Der Mensch der Vorzeit. Führer durch das Urmensch-Museum Steinheim an der Murr, Stuttgart 1984

GROISS, Josef Th.: Faunenzusammensetzung, Ökologie und Altersdatierung der Fundstelle Hunas. Quartär-Bibliothek, Bonn 1983

MOTTL, Maria: Die Repolusthöhle bei Peggau (Steiermark)

und ihre eiszeitlichen Bewohner. Archaeologia Austriaca, S. 1–9, Wien 1951

NEUGEBAUER, Johannes-Wolfgang: Österreichs Urzeit, Wien 1990

ORSCHIEDT, Jörg: Zur Frage der Manipulationen am Schädel des „Homo steinheimensis". In: HAHN, Joachim / CAMPEN, Ingo / UERPMANN, Margarethe: Spuren der Jagd – Die Jagd nach Spuren. Festschrift Prof. H. Müller-Beck, Tübinger Monographien zur Urgeschichte, 11, S. 467–472, Tübingen 1996

PROBST, Ernst: Die „ersten Österreicher". Das Jungacheuléen. In: Deutschland in der Steinzeit. Jäger, Fischer und Bauern zwischen Nordseeküste und Alpenraum, S. 120, München 1991

RABEDER, Gernot: Modus und Geschwindigkeit der Höhlenbären-Evolution. Schriften des Vereines zur Verbreitung naturwissenschaftlicher Kenntnisse, S. 105–125, Wien 1989

REICHENAU, Wilhelm von: Über eine neue fossile Bären-Art Ursus deningeri aus den fluviatilen Sanden von Mosbach. Jahrbücher des nassauischen Vereins für Naturkunde, 57, S. 1–11, Wiesbaden 1904

ROSENMÜLLER, Johann Christian: Quaedam de ossibus fossilibus animalis cuiusdam, historiam eius et cognitionem accuratiorem illustrantia, disertatio, quam d. 22. Octob. 1794. Ad disputandum proposuit Ioannes Christ. Rosenmüller Heßberga-Francus, LL.AA.M. in Theatro anatomico Lipsiensi Prosector assumto socio Io. Chrs. Aug. Heinroth Lips. Med. Stud. Cum tabula aenea, Leipzig 1794

Moustérien

BRUN, Ferdinand: Funde aus der Gudenushöhle. Mitteilungen der Anthropologischen Gesellschaft in Wien, S. 70, Wien 1884

CASHOFER, Clemens A.: Leopold (Ludwig) Hacker. Profeßbuch des Benediktinerstiftes Göttweig, St. Ottilien 1983
DOPSCH, Heinz / SPATZENEGGER, Hans: Geschichte Salzburgs. Band I, Vorgeschichte, Altertum, Mittelalter, Salzburg 1981
EHRENBERG, Kurt: Othenio Abel's Lebensweg. Wien 1975
FEUSTEL, Rudolf: Abstammungsgeschichte des Menschen, 6. Auflage, Jena 1990
FRANZ, Leonhard: Vorgeschichtliches Leben in den Alpen, Wien 1929
FUHLROTT, Carl: Menschliche Ueberreste aus einer Felsengrotte des Düsselthals. Ein Beitrag zur Frage über die Existenz fossiler Menschen. Verhandlungen des Naturhistorischen Vereins der preussischen Rheinlande und Westphalens, S. 129–151, Bonn 1859
HACKER, Leopold: Die Gudenushöhle, eine Renthierstation im niederösterreichischen Kremsthale. Mitteilungen der Anthropologischen Gesellschaft in Wien, S. 145–153, Wien 1884
KING, William: The reputed fossil man of the Neanderthal. The Quarterly Journal of Science, S. 88–97, London 1864
MENGHIN, Oswald: Georg Kyrle (1887–1937). Wiener Prähistorische Zeitschrift, S. 100–112, Wien 1937
MOTTL, Maria: Das Lieglloch im Ennstal, eine Jagdstation des Eiszeitmenschen. Archaeologia Austriaca, S. 18–23, Wien 1950
MOTTL, Maria: Was ist nun eigentlich das „alpine Paläolithikum"? Quartär, S. 33–52, Bonn 1975
OBERMAIER, Hugo / BREUIL, Henri: Die Gudenushöhle in Österreich. Mitteilungen der Anthropologischen Gesellschaft in Wien, S. 277–294, Wien 1908

PROBST, Ernst: Die Höhlenbärenjäger in den Alpen. Das Moustérien. In: Deutschland in der Steinzeit. Jäger, Fischer und Bauern zwischen Nordseeküste und Alpenraum, S. 121–124, München 1991

RABEDER, Gernot / GRUBER, Bernhard: Höhlenbär und Bärenjäger. Ausgrabungen in der Ramesch-Knochenhöhle im Toten Gebirge. Katalog zur Sonderausstellung, Linz o.J.

WIKIPEDIA (Online-Lexikon) Christine Neugebauer-Maresch
https://de.wikipedia.org/wiki/Christine_Neugebauer-Maresch

WIKIPEDIA (Online-Lexikon) Gudenushöhle
https://de.wikipedia.org/wiki/Gudenush%C3%B6hle

WIKIPEDIA (Online-Lexikon): Mousterien
https://de.wikipedia.org/wiki/Moust%C3%A9rien

ZAPFE, Helmuth: In memoriam Univ.-Prof. Dr. Kurt Ehrenberg (22.11.1896–6.10.1979). Annalen des Naturhistorischen Museums Wien, S. 127–129, Wien 1982

Szeletien

BOSINSKI, Gerhard: Die mittelpaläolithischen Funde imn westlichen Mitteleuropa. In: Fundamenta A4, S. 206, Köln/raz 1967

FILIP, Jan: Szeleta-Höhle. In: Enzyklopädisches Handbuch zur Ur- und Frühgeschichte Europas, Band II (L–Z), S. 1421, Köln, Mainz 1969

PROBST, Ernst: Steinwerkzeuge, die Blättern ähneln. Die Blattspitzen-Gruppen vor etwa 50.000 bis 35.000 Jahren. In: Deutschland in der Steinzeit. Jäger, Fischer und Bauern zwischen Nordseeküste und Alpenraum, S. 75–76, München 1991

TRNKA, Gerhard, Ein neuer paläolithischer Blattspitzenfund

aus Schletz in Niederösterreich, Archäologie Österreichs 1, 1990, S. 20–27, Wien 1990

WIKIPEDIA (Online-Lexikon) Szeletien
http://de.wikipedia.org/szeletien

WIKIPEDIA (Online-Lexikon) Blattspitze
https://de.wikipedia.org/wiki/Blattspitze

Aurignacien

BAYER, Josef: Der Mammutjägerhalt der Aurignacienzeit bei Lang-Mannersdorf a.d. Perschling (Nied.-Öst.). Mannus, S. 76–81, Leipzig 1921

BAYER, Josef: Zwei Aurignacienstationen in der Gegend von Gösing in Niederösterreich. Die Eiszeit, S. 112–115, Leipzig 1925

BAYER, Josef: Die Olschewa-Kultur. Die Eiszeit, S. 83–100, Leipzig 1929

BENINGER, Eduard: Franz Kießling (1859–1940). Wiener Prähistorische Zeitschrift, S. 202–214, Wien 1940

BOSINSKI, Gerhard / CHAUVET, Jean M. / BRUNEL-DESCHAMPS, Eliette /HILLAIRE, Christian: Grotte Chauvet bei Vallon-Pont-d'Arc : Altsteinzeitliche Höhlenkunst im Tal der Ardeche, Stuttgart 2001

DRÖSSLER, Rudolf: Kunst der Eiszeit. Von Spanien bis Sibirien, Leipzig 1980

HAMPL, Franz: Das Aurignacien aus Senftenberg im Kremstal, N.-O. Archaeologia Austriaca, S. 80–96, Wien 1950

HEINRICH, Angelika: Josef Szombathy (1853–1943). Mitteilungen der Anthropologischen Gesellschaft in Wien, Band 133, S. 1–45, Wien 2003

HEINRICH, Wolfgang: Das Jungpaläolithikum in Niederösterreich, Salzburg 1973

HEINRICH, Wolfgang: Die eiszeitliche Jagdstation Horn-Raabser Straße. Höbarthmuseum und Museumsverein in Horn 1930—1980. Festschrift zur 50-Jahr-Feier, S. 45–72, Horn 1980

JELINEK, Jan: Das große Bilderlexikon des Menschen in der Vorzeit, Gütersloh 1976

KIESSLING, Franz: Die Aurignacienstation im Grubgraben bei Kammern in Niederösterreich. Mitteilungen der Anthropologischen Gesellschaft in Wien, S. 229–246, Wien 1919

KIESSLING, Franz/OBERMAIER, Hugo: Das Plateaulehm-Paläolithikum des nordöstlichen Waldviertels von Niederösterreich. Mitteilungen der Anthropologischen Gesellschaft in Wien, S. 1–32. Wien 1911

MENGHIN, Osmund: Früh-Aurignacium-Funde aus Tirol – Zur Geschichte und geochronologischen Stellung der Tischoferhöhle. Beiträge zur Urgeschichte Tirols, S. 11–38, Innsbruck 1969

MORTILLET, Gabriel de: Essai d'une classification des cavernes et des stations sous abri, fondée sur les produits de l'industrie humaine. Matériaux pour l'Histoire Primitive et Naturelle de l'Homme, Paris 1869

MUCH, Matthäus: Über die Zeit des Mammuth im Allgemeinen und über einige Lagerplätze von Mammuthjägern im Besonderen. Mittheilungen der Anthropologischen Gesellschaft in Wien, Seite 18–64, Wien 1882

NEUGEBAUER-MARESCH, Christine: Zum Neufund einer weiblichen Statuette bei den Rettungsgrabungen an der Aurignacien-Station Stratzing/Krems-Rehberg, Niederösterreich. Germania, S. 551–559, Frankfurt am Main 1989

PROBST, Ernst: Mit Holzlanzen auf Mammutjagd. Das Aurignacien. In: Deutschland in der Steinzeit. Jäger, Fischer und Bauern zwischen Nordseeküste und Alpenraum, S. 129–133, München 1991

SCHLOSSER, Max: Die Bären- oder Tischoferhöhle im Kaisertal bei Kufstein, München 1909

SCHMIDT, Hubert: Matthäus Much †. Prähistorische Zeitschrift, S. 430–423, Berlin 1909

SCHOTT, Lothar: Der Meinungsstreit um den Skelettfund aus dem Neandertal. Ausgrabungen und Funde, S. 235–238, Berlin 1977

STROBL, Johann/OBERMAIER, Hugo: Die Aurignacienstation von Krems. Jahrbuch für Altertumskunde, S. 129–148, Wien 1910

WEINFURTER, Emil: Zwei neue Aurignacien-Fundstellen aus Niederösterreich. Archaeologia Austriaca, S. 97–113, Wien 1950

WIKIPEDIA (Online-Lexikon): Aurignacien
https://de.wikipedia.org/wiki/Aurignacien

WIKIPEDIA (Online-Lexikon) Venus vom Galgenberg
https://de.wikipedia.org/wiki/Venus_vom_Galgenberg

Gravettien

ANGELI, Wilhelm: Die Venus von Willendorf, Wien 1989

ANTL-WEISER, Walpurga: Steinschläger-Werkstatt der Altsteinzeit. Aus: Stillfried an der March von der Eiszeit bis zur Gegenwart. Katalog des Niederösterreichischen Landesmuseums, S. 19–25, Horn o.J.

ANTL-WEISER, Walpurga: Die Steinzeit in Stillfried (Altsteinzeit und Jungsteinzeit). Veröffentlichungen des Museums für Ur- und Frühgeschichte Stillfried, S. 87–91, Wien 1988

ANTL-WEISER, Walpurga: Paläolithischer Schmuck von der

Gravettienfundstelle Grub/Kranawetberg bei Stillfried, Niederösterreich. Annalen des Naturhistorischen Museums Wien, S. 23–41, Wien, Dezember 1999

ANTL-WEISER, Walpurga: Die Frau von W. Die Venus von Willendorf, ihre Zeit und die Geschichte(n) um ihre Auffindung, Wien 2008

ANTL-WEISER, Walpurga / KERN, Anton / LAMMER-HUBER, Lois. Venus, Baden 2008

BACHMAYER, Friedrich / KOLLMANN, Heinz A. / SCHULTZ, Ortwin / SUMMESBERGER, Herbert: Eine Mammutfundstelle im Bereich der Ortschaft Ruppertsthal (Groß-Weikersdorf) bei Kirchberg am Wagram, NO. Annalen des Naturhistorischen Museums Wien, S. 263–282, Wien 1971

BAYER, Josef: Eine Station des Eiszeitjägers im Mießlingtal bei Spitz a.d. Donau in Niederösterreich. Die Eiszeit, 4, S. 91–94, Leipzig 1927

BAYER, Josef: Das zeitliche und kulturelle Verhältnis zwischen den Kulturen des Schmalklingenkulturkreises während des Diluviums in Europa. Die Eiszeit, S. 9–23, Leipzig 1928

BAYER, Josef: Die Venus II von Willendorf. Die Eiszeit, S. 48–54, Leipzig 1930

BINSTEINER, Alexander: Rätsel der Steinzeit zwischen Donau und Alpen. Linzer Archäologische Forschungen, Band 41, S. 1–96, Linz 2011

BRANDTNER, Friedrich: Die geochronoloische Stellung der paläolithischen Kulturschichte von Getzersdorf, N.-Ö. Mitteilungen der Prähistorischen Kommission der Österreichischen Akademie der Wissenschaften, Band 7, S. 3–93, Wien 1954

EHGARTNER, Wilhelm: Menschliche Skelettreste aus

Willendorf. Mitteilungen der Prähistorischen Kommission, 8/9, S. 79–80, Wien 1959

EHGARTNER, Wilhelm / JUNGWIRTH, Johann: Ur- und frühgeschichtliche menschliche Skelette aus Österreich. Beiträge Österreichs zur Erforschung der Vergangenheit und Kulturgeschichte der Menschheit, S. 183–204, Horn 1959

EINWÖGERER, Thomas: Die jungpaläolithische Station auf dem Wachtberg in Krems, NÖ. Wien 2000

EINWÖGERER, Thomas / FRIESINGER, Herwig / HÄNDEL, Marc / NEUGEBAUER-MARESCH, Christine / SIMON, Ulrich / TESCHLER-NICOLA, Maria: Upper Paleolithic infant burials. Nature, 444, 285, London 2006

EINWÖGERER, Thomas / SIMON, Ulrich: Zwei altsteinzeitliche Säuglingsbestattungen an der Donau. Archäologie in Deutschland, Ausgabe 3/2011, Stuttgart 2011

EPPEL, Franz: Die Herkunft der Venus) von Willendorf. Archaeologia Austriaca, S. 114–145, Wien 1950

FELGENHAUER, Fritz: Aggsbach, ein Fundplatz des späten Paläolithikums in Niederösterreich. Mitteilungen der Prähistorischen Kommission der österreichischen Akademie der Wissenschaften, S. 157–272, Wien 1944

FELGENHAUER, Fritz: Miesslingtal bei Spitz a. d. Donau in Niederösterreich. Ein Fundplatz des oberen Paläolithikums. Archaeologia Austriaca, 5, S. 351–62 Wien 1950

FELGENHAUER, Fritz: Die Paläolithstation Spitz a. d. Donau, N.-Ö. Archaeologia Austriaca, S. 1–19, Wien 1952

FELGENHAUER, Fritz: Willendorf in der Wachau. Monographie der Paläolith-Fundstellen I-VII. Mitteilungen der Prähistorischen Kommission der Österreichischen Akademie der Wissenschaften, Wien 1956–1959

FELGENHAUER, Fritz: Das niederösterreichische Freilandpaläolithikum. Mitteilungen der Arbeitsgemeinschaft für Ur- und Frühgeschichte XII, S. 1–16, Wien 1962

FELGENHAUER, Fritz: Ein jungpaläolithisches Steinschlägeratelier aus Stillfried an der March, Niederösterreich. Zur Herstellung von Mikrogravettespitzen. Forschungen in Stillfried, S. 7–40, Wien 1980

FELGENHAUER, Fritz: Erforschung des Lebens- und Kulturraumes. Aus: Stillfried an der March von der Eiszeit bis zur Gegenwart. Ausgrabung in Stillfried. Katalog des Niederösterreichischen Landesmuseums, S. 7–14, Horn o.J.

GARROD, Dorothy: The Upper Palaeolithic in the light of recent discovery. Proceedings of the Prehistoric Society, S. 1–26, Cambridge 1938

HEINRICH, Wolfgang: Paläolithische Funde von Stillfried an der March. Forschungen in Stillfried, Veröffentlichungen der Österreichischen Arbeitsgemeinschaft für Ur- und Frühgeschichte, S. 53–60, Wien 1974

JENNY, Wilhelm A. von: Josef Bayer †. Prähistorische Zeitschrift, S. 291–292, Berlin 1931

JUNGWIRTH. Johann: Doz. Dr. Wilhelm Ehgartner. Mitteilungen der Anthropologischen Gesellschaft in Wien, S. 1–4, Wien 1967

JUNGWIRTH, Johann / STROUHAL, Evžen: Jungpaläolithische menschliche Skelettreste von Krems-Hundssteig in Niederösterreich. Festschrift Kurt Gerhard zum 60. Geburtstag. S. 100–113. Zürich 1972

KROMER, Karl: J. Bayers „Willendorf II"-Grabung im Jahre 1913. Archaeologia Austriaca, Heft 5, S. 63–79, Wien 1950

NEUGEBAUER, Johannes-Wolfgang: Zur Auffindung der Venus von Willendorf. Archäologie Österreichs, Ausgabe 7/2, S. 4–9, Wien 1996

NEUGEBAUER-MARESCH, Christine: Steine, Bytes und Babys. Projekte Krems-Wachtberg seit 2005. Archäologie Österreichs, Österreichische Gesellschaft für Ur- und Frühgeschichte, Ausgabe 19/1, S. 25–33, Wien 2008

OAKLEY, Kenneth Page / CAMPBELL, Bernard Grant / MOLLESON, Theya Ivitsky: Catalog of fossil Hominids. Part II, Europe. Trustees of the British Museujm (Natural History), London 1971

PROBST, Ernst: Die „Venus von Willendorf". Das Gravettien. In: Deutschland in der Steinzeit. Jäger, Fischer und Bauern zwischen Nordseeküste und Alpenraum, S. 134–138, München 1991

SZOMBATHY, Josef. Die Aurignacienschichten im Löss von Willendorf. Korrespondenzblatt der Deutschen Gesellschaft für Anthropologie, Ethnologie und Urgeschichte, XI, S. 85–89, Augsburg 1909

SZOMBATHY, Josef: Der menschliche Unterkiefer aus dem Mießlingtal bei Spitz, N. Ö. Archaeologia Austriaca, 5, S. 1–5, Wien 1950

VORARLBERG ONLINE: Zwillinge vom Wachtberg: 32.000 Jahre alte Säuglingsbestattung im NHM freigelegt, 14. Juli 2015 https://www.vol.at/32-000-jahre-alte-saeuglings-bestattung-im-nhm-freigelegt/4392290

WIKIPEDIA (Online-Lexikon) Gravettien https://de.wikipedia.org/wiki/Gravettien

WIKIPEDIA (Online-Lexikon) Krems-Wachtberg https://de.wikipedia.org/wiki/Krems-Wachtberg

WIKIPEDIA (Online-Lexikon) Venus von Willendorf https://de.wikipedia.org/wiki/Venus_von_Willendorf

Epigravettien

EINWÖGERER, Thomas / KÄFER, Bernadette: Die jungpaläolithische Knochenflöte der Station Grubgraben bei Kammern. Archäologie Österreichs, Österreichische Gesell-schaft für Ur- und Frühgeschichte, Ausgabe 8/1, S. 22–23. Wien 1997

FILIP, Jan: Schamanismus. In: Enzyklopädisches Handbuch zur Ur- und Frühgeschichte Europas, Band II (L-Z), S. 1221–1223, Stuttgart, Berlin, Köln Mainz 1969

GULDER, Alois: Die Paläolithstation von Kamegg im Kamptal, N.-Ö. Archaeologia Austriacs, Band 10, S. 16–27, Wien 1952

HUSSEIN, Shumon T. / RICHTER, Jürgen / MAIER, Andreas / NEUGEBAUER-MARESCH, Christine. Kammern-Grubgraben. Neue Erkenntnisse zu den Grabungen 1985–1994. Archaeologia Austriaca, Band 100, S. 225–254, Wien 2015

MONTET-WHITE, Anta: The Epigravettien Site of Grub-graben, Lower Austria. The 1986 and 1987 excavations. Etudes et Recherches Archéologiques de l'Université de Liege, 40, Liege 1990

PROBST, Ernst: Rekorde der Urmenschen: Erfindungen, Kunst und Religion, München 2008

TERBERGER, Thomas / WEIDENFELLER, Michael: Führungsheft zur jungpaläolithischen Fundstelle Wiesbaden-Igstadt und ihrem Naturraum: Eiszeitjäger in der Landeshauptstadt. Archäologische Denkmaler in Hessen 173, Wiesbaden 2012

URBAN, Otto M.: Der Tod des alten Schamanen. Nachlass des Paläolithforschers F. Brandtner im Krahuletz-Museum. ORF ON Science https://sciencev1.orf.at/urban/5483.html

WIKLIPEDIA (Online-Lexikon) Josef Höbarth
https://de.wikipedia.org/wiki/Josef_H%C3%B6barth

Magdalénien
BOSINSKI, Gerhard: Tierdarstellungen in Gönnersdorf.
Monographien des Römisch-Germanischen Zentralmuseums,
Band 72, Regensburg 2008
BOSINSKI, Gerhard / WÜST, Kathrin / ROTTER, Bettina:
Altamira, Stuttgart 1998
HANITZSCH, Helmut / TOEPFER, Volker: Magdalénien.
Aus: HERRMANN, Joachim: Lexikon früher Kulturen, S. 7,
Leipzig 1984
LANGER, Helmut: Die „Frauenlucken" bei Schmerbach, eine
prähistorische Wohnhöhle. Zwettler Nachrichten, S. 51–53,
Zwettl 1968
PRIHODA, Ingo: Josef Höbarth, das Museum und der
Museumsverein in Horn. Höbarthmuseum und Museumsverein
in Horn 1930 1980. Festschrift zur 50-Jahr-Feier, S. 7–18, Horn
1980
PROBST, Ernst: Als das Eis wich, wanderten die Jäger ein.
Das Magdalénien. In: Deutschland in der Steinzeit. Jäger,
Fischer und Bauern zwischen Nordseeküste und Alpenraum,
S. 157–165, München 1991
PROBST, Ernst: Der Rentierkopf auf dem Adlerknochen. Das
Magdalénien. In: Deutschland in der Steinzeit. Jäger, Fischer
und Bauern zwischen Nordseeküste und Alpenraum, S. 139–
141, München 1991
RUSPOLI, Mario / BERTHEMY, Odile: Die Höhlenmalerei
von Lascaux. Auf den Spuren der frühen Menschen, Augsburg
1998
WICHMANN, Heinrich E. / BAYER, Josef: Die

„Frauenlucken" bei Schmerbach im oberen Kamptale, eine Höhlenstation des Magdalénien in Niederösterreich. Die Eiszeit, S. 65–67, Leipzig 1924
WIKIPEDIA (Online-Lexikon) Magdalénienhttps://
de.wikipedia.org/wiki/Magdal%C3%A9nien

Spätpaläolithikum
ADLER, Helmut / MENKE, Manfred: Das Abri von Unken an der Saalach ein spätpaläolithischer Fundplatz der Alpenregion. Germania, S. 1–23, Frankfurt 1978
KAHLER, Franz: Der Griffener Schloßberg und seine Höhlen. CarinthiaI. Geschichtliche und volkskundliche Beiträge zur Heimatkunde Kärntens, S. 366–377, Klagenfurt 1961
MODRIJAN, Walter: Walter Schmid zum Gedenken. Schild von Steier, S. 5–8, Graz 1953
MODRIJAN, Walter: Die Höhlen im Hausberg von Gratkorn. Schild von Steier, S. 5–11, Graz 1955
MOOSLEITNER, Fritz: Martin Hell † (1885–1975). Mitteilungen der Anthropologischen Gesellschaft in Wien, S. 122–123, Wien 1975
PITTIONI, Richard: Die Funde aus der Zigeunerhöhle im Hausberg von Gratkorn, Steiermark. Schild von Steier, S. 12–24, Graz 1955
PROBST, Ernst: Die Jäger von Unken an der Saalach. Das Spätpaläolithikum. In: Deutschland in der Steinzeit. Jäger, Fischer und Bauern zwischen Nordseeküste und Alpenraum, S. 142–143, München 1991
VENCL, Slavomil: Das Spätpaläolithikum in Böhmen. Anthropologie, S. 3–37, Brünn 1970

Register

Personenregister

Wissenschaftsautor Ernst Probst.
Foto: Klaus Benz, Fotograf, Mainz-Laubenheim

Der Autor

Ernst Probst, geboren am 20. Januar 1946 in Neunburg vorm Wald im bayerischen Regierungsbezirk Oberpfalz, ist Journalist und Wissenschaftsautor. Er arbeitete von 1968 bis 1971 bei den „Nürnberger Nachrichten", von 1971 bis 1973 in der Zentralredaktion des „Ring Nordbayerischer Tageszeitungen" in Bayreuth und von 1973 bis 2001 bei der „Allgemeinen Zeitung", Mainz. In seiner Freizeit schrieb er Artikel für die „Frankfurter Allgemeine Zeitung", „Süddeutsche Zeitung", „Die Welt", „Frankfurter Rundschau", „Neue Zürcher Zeitung", „Tages-Anzeiger", Zürich, „Salzburger Nachrichten", „Die Zeit", „Rheinischer Merkur", „Deutsches Allgemeines Sonntagsblatt", „bild der wissenschaft", „kosmos", „Deutsche Presse-Agentur" (dpa), „Associated Press" (AP) und den „Deutschen Forschungsdienst" (df). Aus seiner Feder stammen die Bücher „Deutschland in der Urzeit" (1986), „Deutschland in der Steinzeit" (1991), „Rekorde der Urzeit" (1992), „Dinosaurier in Deutschland" (1993 zusammen mit Raymund Windolf) und „Deutschland in der Bronzezeit" (1996). Von 2001 bis 2006 betätigte sich Ernst Probst als Buchverleger sowie zeitweise als internationaler Fossilienhändler und Antiquitätenhändler. Insgesamt veröffentlichte er mehr als 300 Bücher, Taschenbücher, Broschüren und über 300 E-Books.

Bücher von Ernst Probst

(Auswahl)

Als Mainz im Meer lag
Als Mainz noch nicht am Rhein lag
Christl-Marie Schultes. Die erste Fliegerin in Bayern
(zusammen mit Theo Lederer)
Der Europäische Jaguar
Der Mosbacher Löwe. Die riesige Raubkatze aus Wiesbaden
Der Rhein-Elefant. Das Schreckenstier von Eppelsheim
Der Schwarze Peter. Ein Räuber im Hunsrück und Odenwald
Der Ur-Rhein. Rheinhessen vor zehn Millionen Jahren
Deutschland im Eiszeitalter
Deutschland in der Frühbronzezeit
Deutschland in der Mittelbronzezeit
Deutschland in der Spätbronzezeit
Die Aunjetitzer Kultur in Deutschland
Die Straubinger Kultur in Deutschland
Die Singener Gruppe
Die Arbon-Kultur in Deutschland
Die Ries-Gruppe und die Neckar-Gruppe
Die Adlerberg-Kultur
Der Sögel-Wohlde-Kreis
Die nordische Bronzezeit in Deutschland
Die Hügelgräber-Kultur in Deutschland
Die ältere Bronzezeit in Nordrhein-Westfalen
Die Bronzezeit in der Lüneburger Heide
Die Stader Gruppe
Die Oldenburg-emsländische Gruppe

233

Die Urnenfelder-Kultur in Deutschland
Die ältere Niederrheinische Grabhügel-Kultur
Die Unstrut-Gruppe
Die Helmsdorfer Gruppe
Die Saalemündungs-Gruppe
Die Lausitzer Kultur in Deutschland
Die Dolchzahnkatze Megantereon
Die Dolchzahnkatze Smilodon
Die Säbelzahnkatze Homotherium
Die Säbelzahnkatze Machairodus
Die Schweiz in der Frühbronzezeit
Die Rhône-Kultur in der Westschweiz
Die Arbon-Kultur in der Schweiz
Die Schweiz in der Mittelbronzezeit
Die Schweiz in der Spätbronzezeit
Dinosaurier von A bis K. Von Abelisaurus bis zu Kritosaurus
Dinosaurier von L bis Z. Von Labocania bis zu Zupaysaurus
Der rätselhafte Spinosaurus. Leben und Werk des Forschers
Ernst Stromer von Reichenbach
Eiszeitliche Geparde in Deutschland
Eiszeitliche Leoparden in Deutschland
Frauen im Weltall
Hildegard von Bingen. Die deutsche Prophetin
Höhlenlöwen. Raubkatzen im Eiszeitalter
Julchen Blasius. Die Räuberbraut des Schinderhannes
Johann Jakob Kaup. Der große Naturforscher aus Darmstadt
Königinnen der Lüfte
Königinnen der Lüfte in Deutschland
Königinnen der Lüfte in Europa
Königinnen der Lüfte in Frankreich
Königinnen der Lüfte in England und Australien

Königinnen der Lüfte in Amerika
Königinnen der Lüfte von A bis Z
Königinnen des Tanzes
Malende Superfrauen
Meine Worte sind wie die Sterne Die Entstehung der Rede des Häuptlings Seattle (zusammen mit Sonja Probst, verheiratete Werner)
Monstern auf der Spur. Wie die Sagen über Drachen, Riesen und Einhörner entstanden
Neues vom Ur-Rhein. Interview mit dem Geologen und Paläontologen Dr. Jens Sommer
Österreich in der Frühbronzezeit
Österreich in der Mittelbronzezeit
Österreich in der Spätbronzezeit
Pompadour und Dubarry. Die Mätressen von Louis XV.
Raub-Dinosaurier von A bis Z. Mit Zeichnungen von Dmitry Bogdanav und Nobu Tamura
Rekorde der Urmenschen. Erfindungen, Kunst und Religion
Rekorde der Urzeit. Landschaften, Pflanzen und Tiere
Säbelzahnkatzen. Von Machairodus bis zu Smilodon
Säbelzahntiger am Ur-Rhein. Machairodus und Paramachairodus
Superfrauen aus dem Wilden Westen
Superfrauen 1 – Geschichte
Superfrauen 2 – Religion
Superfrauen 3 – Politik
Superfrauen 4 – Wirtschaft und Verkehr
Superfrauen 5 – Wissenschaft
Superfrauen 6 – Medizin
Superfrauen 7 – Film und Theater
Superfrauen 8 – Literatur

Superfrauen 9 – Malerei und Fotografie
Superfrauen 10 – Musik und Tanz
Superfrauen 11 – Feminismus und Familie
Superfrauen 12 – Sport
Superfrauen 13 – Mode und Kosmetik
Superfrauen 14 – Medien und Astrologie
Tony und Bruno Werntgen. Zwei Leben für die Luftfahrt
(zusammen mit Paul Wirtz)
Was ist ein Menhir? Interview mit dem Mainzer Archäologen
Dr. Detert Zylmann
Wer ist der kleinste Dinosaurier? Interviews mit dem
Wissenschaftsautor Ernst Probst
Wer war der Stammvater der Insekten? Interview mit dem
Stuttgarter Biologen und Paläontologen Dr. Günther Bechly
Die Altsteinzeit
Die Altsteinzeit in Österreich. Jäger und Sammler vor
250.000 bis 10.000 Jahren
Das Altacheuléen
Das Jungacheuléen
Das Jungacheuléen in Österreich
Das Moustérien. Die große Zeit der Neanderthaler
Das Moustérien in Österreich
Das Aurignacien
Das Aurignacien in Österreich
Das Gravettien.
Das Gravettien in Österreich
Das Magdalénien
Das Magdalénien in Österreich
Die Hamburger Kultur
Das Steinzeit-Grab von Bonn-Oberkassel
Die Mittelsteinzeit

Die Mittelsteinzeit in Baden-Württemberg
Die Mittelsteinzeit in Bayern
Die Mittelsteinzeit in Rheinland-Pfalz
Die Mittelsteinzeit in Hessen
Die Mittelsteinzeit in Niedersachsen
Die Mittelsteinzeit in Nordrhein-Westfalen
Die Mittelsteinzeit in Thüringen, Sachsen-Anhalt, Sachsen und
im südlichen Brandenburg
Die Mittelsteinzeit in Schleswig-Holstein, Mecklenburg und
im nördlichen Brandenburg
Die Jungsteinzeit
Die ersten Bauern in Deutschland. Die
Linienbandkeramische Kultur (5.500 bis 4.900 v. Chr.)
Die Ertebölle-Ellerbek-Kultur. Eine Kultur der
Jungsteinzeit vor etwa 5.000 bis 4.300 v. Chr.
Die Stichbandkeramik. Eine Kultur der Jungsteinzeit vor
etwa 4.900 bis 4.500 v. Chr.
Die Oberlauterbacher Gruppe. Eine Kulturstufe der
Jungsteinzeit vor etwa 4.900 bis 4.500 v. Chr.
Die Hinkelstein-Gruppe. Eine Kulturstufe der Jungsteinzeit
vor etwa 4.900 bis 4.800 v. Chr.
Die Rössener Kultur. Eine Kultur der Jungsteinzeit vor
etwa 4.600 bis 4.300 v. Chr.
Die Kupferzeit. Wie die ersten Metalle in Mitteleuropa
bekannt wurden
Die Michelsberger Kultur. Eine Kultur der Jungsteinzeit vor
etwa 4.300 bis 3.500 v. Chr.
Das Rätsel der Großsteingräber. Die nordwestdeutsche
Trichterbecher-Kultur vor etwa 4.300 bis 3.000 v. Chr.
Die Baalberger Kultur. Eine Kultur der Jungsteinzeit vor
etwa 4.300 bis 3.700 v. Chr.

Pfahlbauten in Süddeutschland. Dörfer der Jungsteinzeit
und Bronzezeit an Seen, Mooren und Flüssen
Die Altheimer Kultur / Die Pollinger Gruppe. Zwei
Kulturen der Jungsteinzeit vor etwa 3.900 bis 3.500 v. Chr.
Die Salzmünder Kultur. Eine Kultur der Jungsteinzeit vor
etwa 3.700 bis 3.200 v. Chr.
Die Chamer Gruppe. Eine Kulturstufe der Jungsteinzeit vor
etwa 3.500 bis 2.800 v. Chr.
Die Wartberg-Kultur. Eine Kultur der Jungsteinzeit vor
etwa 3.500 bis 2.800 v. Chr.
Die Walternienburg-Bernburger Kultur. Eine Kultur der
Jungsteinzeit vor etwa 3.200 bis 2.800 v. Chr.
Die Kugelamphoren-Kultur. Eine Kultur der Jungsteinzeit
vor etwa 3.100 bis 2.700 v. Chr.
Die Schnurkeramischen Kulturen. Kulturen der
Jungsteinzeit von etwa 2.800 bis 2.400 v. Chr.
Die Einzelgrab-Kultur. Eine Kultur der Jungsteinzeit vor
etwa 2.800 bis 2.300 v. Chr.
Die Schönfelder Kultur. Eine Kultur der Jungsteinzeit vor
etwa 2.800 bis 2.200 v. Chr.
Die Glockenbecher-Kultur. Eine Kultur der Jungsteinzeit
Die ersten Bauern in Österreich. Die Linienbandkeramische
Kultur vor etwa 5.500 bis 4.900 v. Chr.
Die Lengyel-Kultur in Österreich. Eine Kultur der
Jungsteinzeit vor etwa 4.900 bis 4.400 v. Chr.
Die Mondsee-Gruppe. Eine Kulturstufe der Jungsteinzeit
vor etwa 3.700 bis 2.900 v. Chr.
Die Badener Kultur in Österreich. Eine Kultur der
Jungsteinzeit vor etwa 3.600 bis 2.900 v. Chr.